U0287688

笑声朗朗

朗

刘杰 著

中国建筑工业出版社

序言

和刘杰同志，我们谈得来。记不得认识刘杰同志的准确时间了，我们走进社会的起点都是中建，对人坦诚、宽容，相交以心，是我们的共同追求。

刘杰同志是77级毕业生，直接分配到国家建工总局办公厅。那一年，到建工总局的学生，大部分分配到国家建委的各个工程局和建工总局外事局所属的中国建筑工程公司，也就是说，中国建筑工程总公司组建的时候，刘杰同志是总公司总部的第一位也是唯一一位应届毕业生。一晃30多年过去了，从起点到终点，刘杰同志将一辈子都贡献给了中建，这也是我欣然同意为《笑声朗朗》作序的原因。

刘杰同志在中建做过、分管过很多工作，有人统计，他担任过诸如党组成员、组长、主席、助理总经理、书记、董事长、总经理、主任、校长、院长、社长等等职务，丰富的工作经历，在《笑声朗朗》中得到了充分的体现，也使我对刘杰同志有了更全面的了解。体会最深的，还是以下几点：

一、坚持创新，做就做到最好。在上级领导支持和总公司党组的直接领导下，刘杰同志主持推进的建筑企业形象策划体系、施工企业效能监察体系、中国建筑企业文化建设体系，均获得国家级机构颁发的特等奖和一等奖；党务效能监督体系建设和监督委员会的创立，均填补了国内合规建设方面的空白。这一点在刘杰同志的那些序言、后记和应约的稿件中，体现得很充分。

二、重视组织文化，营造工作氛围。从书中可以看得出来，为了凝心聚力，促进发展，不仅仅是总公司宏观的文化体系建设，他创办的公司报刊就有《中华建筑报》、《中国海外》、《随园》、《发展》等等。纪检监察系统的队伍建设有声有色，廉洁文化推进丰富多彩。《给杨景妹同志的便笺》，短短几句话，告诉我们组织文化的调整并非易事。

三、保持学习状态，接受新鲜事物。我知道刘杰同志分管和兼职的工作，完全在一种超负荷的状态。他说很多年没有认真读书了，那说的是时间的稀缺和零散。从书中我们可以看到，他一直在读书，而且很认真。那些《读书笔记》，说明他不但读了，还做了延伸的思考。《总结我们自己的案例》告诉我们，他对新生事物的鼎力支持。

四、重情重义，感悟人生。书里有很多怀念领导、思念朋友的文章和诗歌，都是我喜欢的。包括给女儿的信、婚礼、仪式的致辞，折射出刘杰同志对亲情、友情和工作之情的重视。我很喜欢那句话："亲情是不能选择的，那是我们最后的港湾，那是我们每个人与生俱来的财富。"是啊，走遍千山万水，有什么比家更温暖！

五、爱好广泛，与工作相得益彰。知道刘杰同志在文艺体育方面多有爱好，看了

《说说体育的事》《奥运日记》和《〈有痕〉后记》等文章，才知道刘杰同志在这些方面有很深的造诣。这些文章从另外的角度告诉我们，所谓爱好：一是与工作和企业文化结合，二是玩物不丧志，三是开阔思路融入管理。我想，这是爱好的真谛。

六、宣传管理思想，配合中心工作。书中很多文章，都是对总公司当时工作思路的解读。比如《做好监事会的事情》《关于管理的精细化》……据我所知，像《人才会议随想》等等杂文，并没有用刘杰同志的名字发表。换一种方式，支持配合公司的中心工作，使我们看到了刘杰同志妥善处理事务的一面。

七、热爱生活，陶冶性情。读万卷书，行万里路，书是行的文字表达，行是最为直接的学习方式。当然，我们说的行，是知与行的行，是实践，而不仅仅是行路。那些散文游记给我们展示了刘杰同志更为鲜活的一面，尤其是《冈比亚散记》《非洲的第一次西餐》《英灵永在》等，为我们展示了中建人拓展海外业务的生活、工作和不期而遇的……

八、创造环境，奖掖后辈。《玉奎儿》《国栋》和《文章是这样写成的》，展示了总公司老一辈领导的风采和对新员工言传身教的过程。《开头的话》和《最舍不得你们的人——是我》，又从另外的角度，表现了刘杰同志对下属的关心、培养和爱护。我想，总公司干部一代一代的成长，应该都是我们各级领导传、帮、带的结果。

刘杰同志告诉我，出版社一位老编辑审核书稿之后说："我知道中国建筑这些年为什么发展这么好了，多么好的班子，多么好的文化，多么和谐的环境！"我同意他的意见。在老一辈领导手中接过这个沉甸甸的接力棒之后，作为党组书记、董事长，战略、制度、人才和文化是我考虑最多，也投入精力最多的。

长期以来，一代一代的中建人不改初心，执着坚守，抢抓机遇，迎难而上，成功地实现了转型升级、创新驱动、人才强企和国际化经营等一系列战略目标，2018年财富世界500强排名，中国建筑已达第23位，国内的规模和利润排名已经达到第四位和第六位。

我喜欢人才，我更重视人品，而政治的正确和对党的忠诚，则是干部选择的第一标准。我希望我们涌现出更多的优秀干部，敬业乐业，有才有德，知书达理，视野开阔，在总公司党组的领导下，战略清晰，制度规范，团队坚强，文化有力，为中国建筑达致百年老店做出新的贡献。

感谢《笑声朗朗》，它让我想了很多很多；感谢刘杰同志，他为中国建筑做了很多很多。有机会，我们还会促膝长谈，伴着刘杰同志的朗朗笑声……

中国建筑集团有限公司

党组书记　董事长

目录

我的笑声

身边的年轻人重感情，知道我要退休了，提出的要求很让人感动。归纳起来：一是保持形象。不要说工作上退休了，衣着和容貌马上也退休了。二是保持笑声。笑声是对心态的考量，只有参透人生，才能使笑声穿越时间、空间和任何世俗的羁绊。

不知从什么时候开始，我的笑声成了大家的话题。自然赞扬的居多，比如用爽朗、有穿透力、感人等诸如此类的褒扬的词汇来形容。从什么时候笑成这个样子，很难溯源。我总解释说，我当初是个非常腼腆的孩子，从小学到中学，都没有主动回答过老师的问题。记得有一次，老师在黑板上写字，边写边提问，我大着胆子把手举了起来。而当老师向回转身的时候，我赶紧将举起的手放在了鼻子上。致使我笑声大一些，估计还是从到铁路当养路工开始。养路工是铁路上最苦的活，铁轨沿线，就是车间。这种露天的工作场所，加上轰轰隆隆的火车以及工友之间的距离，放声说话和朗声大笑成为工作和交流的方式。记得当时领工区在铁路旁边，晚上睡觉的床与铁路路基之间，就隔着几米宽的一条小路。山海关是铁路重要的编组站，整夜灯光如昼，笛声嘶鸣。列车通过时，山摇地动，人能从床上颠起来。然而那些年，对声音具备了超强的适应能力，从来没有被吵醒。就像拳击运动员具备抗打击能力一样，超强的声浪刺激，才能使我对声音产生感应。及至77级上了大学，正好苏叔阳的话剧《丹心谱》风靡全国，学校组织了话剧队，我出演主角方凌轩。可能那个时候的音响系统较差，偌大的舞台和剧场，要吐字清晰，要远至角落，声音的力度和强度是起码的要求。成了今天的样子，确实有喜有忧，有得有失。

有的时候，同事总是开玩笑地说，刘总上班了。大概就是人尚未至，笑声已到。我几次问周边的同事，我在办公室和开会的时候，是不是声音外边听得很清楚？笑声成为一种自然的生理反应之后，确实不容易控制。在一些重要的会议和场合，突然爆发的大笑，肯定是在扰民。更叫人尴尬的是，可能保密也成了问题。很多时候，笑声是有感染力的。我参加会议的讨论区域，我吃饭的饭桌，我闲谈的群落，都可能成为全场最热烈喧闹之地。以我平常的为人，即使兴致爆棚，如入无人之境，亦绝无高调、绝无炫耀、绝无抢风头的意图，然而客观上，实难解释。

有一次参加一个出国代表团，团长是位大领导。大概是同团里的几位同志太熟悉了，在车里在饭桌，我们那个区域总是笑声不断。终于有一次，在中巴车上刚刚坐稳，那位领导说："刘杰，你的笑声总是不考虑别人的感受"。我不记得当时是怎么过去的了，好像几位团里的同志要比我还尴尬。回国以后，我将一路上为那位领导拍摄的照片放大送给了他，表示歉意。不过大官不记小民过。一次，总公司某个部门知道我和这位领导熟悉，还让我帮他们做了引荐，得到了盛情接待。这是大领导，人家直说了。估计受到我滋扰的谈话和环境，真不在少数。说到这里都有些不好意思了。

在总公司老领导里边，马总最宽容。因为宽容，他总是从积极的方面去思考对待周边干部的行为。闲暇时分，站倚坐卧，嬉笑怒骂，放肆无忌，马总就像看着孩子一样，用慈祥和理解的目光看着我们。青林书记则总是在思考问题，总是在寻找事物的规律和本质。他曾经在一个场合说，刘杰的笑声，声大声小，时长时短，何时爆发何时消逝，都是有意思的。比如别人问了一个不好回答的尴尬问题，凌空来袭的哈哈一笑，将话题自然转移了。青林观察得细致，或许我笑已成精，解决问题的方式方法，已经成为本能。不过，我实在修炼不够，不然也不会有那些尴尬处境。这些年的工作，我不在业务口。但总有经营一线的同志找到我，希望我参加一些外事应酬。他们的理由很简单，有你在，氛围热烈不冷场。或许各种方式的笑，应该写入我们的《十典九章》和营销宝典。

想说说我的笑声，才想起黄霑那句著名的“沧海一声笑”。人在江湖，笑着来笑着去，坦荡从容自然，那是我辈追求的境界。90年代初我在香港工作，虽然喜欢文化，但碍于工作繁忙，没有时间去拓展业务之外的领域。在鲤鱼门隔桌碰到一次黄霑，总觉得他那种笑亦庄亦谐，高妙如云端闲鹤，然眼角唇边，似有几分挖坑埋雷的“奸邪”在。那时，总公司曾组织全球华人的尧舜杯围棋赛。当时陪主办方中国和平统一促进会的司马小莘去看过她父亲司马文森的朋友黄永玉。老头儿当时住在香港，是十几岁就在全国出了名的文化宝贝，嬉笑怒骂，皆成文章。那种笑，很狂放，很恣肆，很真诚，很坦荡。大师们的笑，没有文化底蕴，是难悟其味的。

几十年的工作匆匆而过，雪泥鸿爪，笑渐不闻。然而，面对大千世界，竹杖芒鞋，一蓑烟雨，我还会用那朗朗的笑声，去迎接每天的太阳。

哈，哈，哈，哈……

（2015-8-13）

注：1. 马总，马挺贵，中国建筑工程总公司原总经理。

2. 青林书记，张青林，中国建筑工程总公司原党组书记。

最舍不得你们的人——是我

1994年8月18日下午，中国海外集团有限公司15周年酒会的筹备工作已近尾声，仔细地检查了酒会安排的每个环节，排好了各界友好送来的上百个花篮，才得以有大战前小小的喘息时间。公关部的八位同事聚集在酒会主席台上，在“服务社会繁荣香港”的公司宗旨前，照下了一张让我永远也难以忘怀的照片。后来，我把那张照片冲洗放大挂在办公室里，几乎每一位来办事的同事都说“这张照片照得真好”！

如今，我调回北京工作已近一年了，挂在香港办公室的照片又摆在北京的办公室。不管工作多繁忙、多辛苦，只要瞟上一眼，心里顿时是一阵激动，一股温馨，一种对往事的眷恋……

Margaret（曹健仪）

Margaret很文静，两只眼睛大大的，像清澈的湖水。

初入职时，Margaret是公关部高级公关主任。由于工作出色，第一个年头就被评为公司优秀员工，提升为公关部助理总经理。

Margaret在公关部的作用，很难用一句两句话来界定。她从来不风风火火办事，从来不高声喧哗，即使有时大家为一件事兴奋得像开了锅，也听不到她的声音。她给人的形象就是在那间小小的办公室里静静地写，静静地想。说实话，Margaret补充了我的许多不足，使我对公关部的业务水准具有了信心，使我可以放心地去出差去办事，Margaret总是把一切安排得妥妥帖帖。

Margaret并不是永远在幕后，她实际就在前台。也是在她那间小小的办公室，她接待过数不清的记者、广告设计师、出版商……即使是传媒界很棘手的问题，她也总是以她那种平静的方式处理得圆圆满满。在15周年酒会上作司仪，她也同样处理得不愠不火。她好像对什么工作也不发怵，她永远也不用豪言壮语来回答你交办的工作，但她完成任务的水准使你可以用豪言壮语去向任何人吹嘘。

只有一次，Margaret发火了。那是在马鞍山地盘，为庆祝公司15周年和制作公司简介录像带，公司领导和几百员工拍摄一个大场面。香江炎夏，骄阳似火，镜头重复了一遍又一遍，公司高层全部是西装领带，再拖沓下去，不但效果不会好，人也受不了。这时，在现场指挥的Margaret像换了个人似的，三步并两步地冲上了摄影指挥车，我想象不出她那时的眼睛瞪得有多大，声音有多高，反正是在Margaret的“粗暴”干预下，拍摄很快顺利完成了。

Margaret留学加拿大，在入职公司前已经做过几个大集团的公关。尽管她的年龄不大，但公关部的同事对她都很服气。在公关部的管理上，我也经常询问她的意见。有时我工作很忙，或忽略了什么，她总是轻轻地敲下门，又把门轻轻地掩上，然后用她那特有的平静的风格提醒我，该做什么事情了。

凡是我接触过的公司里的同事，都说Margaret的英文具有相当的水准。我不懂英文，无从考证。但Margaret的中文水准却是我接触过的香港同事中相当突出的一位。她用香港的国语风格和文体可以把一件事情叙述得既清晰又严谨，公司许多公关方面的文件资料都出自她的手笔。记得有一次向外界报送一份孙总参加管理学会评奖的材料，是Margaret执笔我修改的。后来根据需要，要加上一个概括性的结尾。有趣的是，这一次由我执笔，为了保持文章的风格，由Margaret“翻译”成与原文一致的香港风格的国语。她调整了部分语法结构和词汇，但要表达的中心思想却丝毫也没有变，我觉得那“翻译”是超水平的。

调回北京后，每天工作忙得喘不过气来，有时真幻想在我的办公室旁边是那间小小的办公室，Margaret静静地坐在里边。

成钰菱（Irene）

“我有意见！”话音未落，她已站在你的办公桌前，不容你问，她就开始陈述她的“意见”、她的“委屈”和她认为应该的解决办法。有时，她甚至会拉着与她发生争执的其他部门的同事一起到你的办公室，然后对你说“你来评评理，谁对谁错”！

说实话，这还真是对你处理问题方式方法的一种考验。尽管她总是把最尖锐、最直接的问题托给你，我还是很欣赏她，觉得她是公关部的骄傲。在她脑子里，一事当前，就应该坚持自己认为对的东西，其他全都可以不予考虑。

成小姐是新加坡人，留学美国，会计专业。当初来应聘中国海外集团孙文杰总经理秘书时，她没有一点秘书的经历。但见了面，我觉得她的爽快中透出一种灵气，加上基本的素质，一定能够胜任工作。后来，孙总采纳了我们的建议。果然，成小姐不负众望，迅速地熟悉了工作，而且与各个部门的同事建立了良好的关系。

成小姐工作认真热情，也很负责任。有时孙总出差，没有那么多的电话，她就静静地坐在30楼的秘书座位上整理名片和资料，而一旦公司需要，她又随时可以出现在接待台代替接线员，或者去复印、去发邮件，等等。

我敢说，全写字楼成小姐是行动最快的人，她几乎总是在跑。不夸张地说，当电话到了某个楼层，告诉正在送文件的她，说孙总找她时，她会放下任何事情，就像运动员听到发令枪一样飞奔而去。

成小姐说一口流利的英语、国语和广东话，这些都是她能很好地与内派和香港同事以及外界沟通的基础。成小姐来了以后，尤其是公关部成立后，在孙总和厉董的直接领导下，公司领导和公关部、行政部领导及每一个具体办事人员的沟通都加强了许多，也减少了许多的失误。孙总好几次对我说："成小姐很帮忙，我的工作顺手了很多，脾气也小多了。"

我没有到过新加坡，但听说的关于新加坡的事情太多了。看着眼前的成小姐，使我对从来没有去过的新加坡却有了很深很深的了解。成小姐身上所体现出来的那种敬业乐业精神、那种感染人的蓬勃朝气、那种纯朴诚实的气质、那种疾恶如仇的抗争劲头，使我永远也难以忘怀……

是的，成小姐好像是一面镜子，即使在现在的工作中，也激励我认真妥善地处理好每件事情。我总觉得我的门会随时打开，成小姐举起她的手说："我有意见"……

Vam（张耀强）

你想象一个人当过水手，到过世界上许多地方；你想象在香港古老的小渔村，从一个大家庭走出的男孩子；你想象他在美国的大学修读了摄影课程，然后挂着满身的相机在名山大川猎影……

他，就是Vam。然而，还有许多是你想象不到的！

Vam是公司卡拉OK大赛国语英语组的第一名。

Vam是公司龙舟代表队的主力队员。

Vam代表公司参加中资机构的游泳比赛，取得第二名的好成绩。而年轻时，曾是全香港数一数二的游泳好手。

Vam的散文《水乡》，我觉得是《中国海外》迄今为止最具文学价值的文章之一。那简洁的文字、朴实的风格、细腻的心理描写和传神的细节刻画，真是收入哪本散文集也不逊色。

Vam好像与公关部的每一位小姐都谈得来。说来你不信，他经常教她们如何化妆，还教Margaret和成小姐如何凑仔！

广博的生活体验是艺术的基础。Vam最初来应聘，也是在几十个人中选出来的，吸引我的还是他在上学时照的那些黑白的建筑照和艺术照，我觉得很有品位。果然他入职后表现得很出色。为了照一张合适的中海大厦的照片，他想尽办法找最佳的摄影位置和最佳的摄影时间。那张以中环广场为背景的中海大厦的照片，后来几次选用在公司重要的书籍和画册上。还有一张公司龙舟队的照片也是如此。他的到来使公司的照片质量有了一个大的飞跃。孙总对艺术是具鉴赏力的，Vam能以他的作品将公司写字楼三十楼走廊里以前的十几张公司建筑照全部换下来，足见他的水准！

Vam很乐于助人，尤其是与Scarlett的配合更是珠联璧合。公司的许多广告，就是Scarlett口述构思，Vam拍摄的。对外部门的要求，Vam的条件就是：征得经理的同意。公关部的工作好像是上层建筑，与部门和地盘接触的不是很多，而Vam却以他的工作性质和热情服务，结识了一大批公司内的同事。

我习惯用英文名字称呼公关部的每一位先生小姐，只有成小姐是一个例外，因为行政部有一位小姐与她重名。我问过Vam，他的名字是什么意思，因为英文好像很少有这种字母搭配。Vam说这是他当水手时，外国水手喊话的一种声音，后来就用它做了名字。他到现在也不知道那些人是不是在整蛊他！

公关部小姐常说公关部有六个半小姐，Vam是半个。因为每当聊起那些家长里短的，Vam好像超过她们之中任何一位。不过，我觉得Vam是一个极懂生活的人，是一本极厚重的书，是一个真正的男子汉！

Scarlett（姚美伶）

Vam说那是一种草的名字。我记得，美国小说《飘》的女主角就是这个名字。或许是Scarlett身上体现出的那种与命运顽强交锋的坚忍与抗争精神，我觉得她们有些相像。

Scarlett入职不久，正赶上公司筹备15周年庆典。除了正常的广告设计，公司庆典的全部设计及联系工作也都铺天盖地地压在她身上，而此时正是她在设计学院学习的最后冲刺阶段。那一段时间，如果用夜以继日来形容她的工作，毫不过分。除了下楼去买盒饭，她好像总是在座位上写写画画。有几次，我看她在座位上睡着了，实在不

忍心叫醒她。当然，她在使用时间上，公司和个人还是分得很清的。她家远，又要加班又要做作业，又要没早没晚地联系各种加工制作事宜，她如果要抽空做设计学院的作业，就主动先去打完卡。

最初见面时，她很文静。但入职不久，她就体现出又一种性格。公关部小姐中她是较活跃也较有性格的一个。有时，为了一个她觉得成功的广告设计稿，她会与你争上好长时间。当时看她悻悻地走了，以为说服了她，那可能就错了，也许她还会再回来说服你！经过一段时间，应该说Scarlett对孙总的审美风格和公司的一些常用的颜色等，有了一定的理解，广告和有些作品的设计有了相当的进步。我记得大屿山宝莲禅寺天坛大佛开光和“服务十五年广厦千万间”的广告都受到了孙总的好评。

Scarlett那里是公关部最主要花钱的地方。但她会主动地与设计商、广告商、厂家等讲价钱，尽量为公司省钱。记得有一次圣诞灯饰设计，几家设计公司的设计稿样均不理想。后来，她花几天时间自己做了设计。我觉得那一只只蜡烛的构思很奇巧。更难能可贵的是，她为了节省开支，把图案的线条精减到了最简洁的程度。

孙总对公司的宣传品是要求极其严格的人。15周年庆典的纪念册、影集、广告、酒会布置等全部设计，均是在孙总的统一指挥下进行的。尤其是那本《繁荣香港》的影集，说孙总是主编可能更恰如其分。那一段，也是公关部与孙总开会最多的时间，为一个颜色、一种字体，有时三番五次地设计也达不到要求，Scarlett的压力可想而知。记得每次开会，如果孙总通过一个设计，Scarlett总是举着设计稿兴奋地冲出30楼的小会议室，高声喊着“搞掂”！那喜悦欢畅之情非笔墨可形容。

Pennie（黎淑娴）

“刘经理，你是不是不喜欢我！”Pennie脸上显出一种疑惑的神情。在公关部的日子里，Pennie我批评得最多，尤其是最初入职的几个月，我总是在挑她的毛病。

Pennie是公关部的秘书，浸会大学刚刚毕业，学的是中国经济。我在她入职时就明确告诉她："我可能批评你很多，但最初的批评是为了以后的不批评。"我觉得她基本素质好，是个可塑之才。

Pennie工作努力，而且有很多的办法。她很注意报纸上有关的报道。一旦觉得对我有用，就剪下来交给我，如中国政府机构啦，中国经济回顾啦，等等。她在上边写个小黄纸条："你有用吗？"如果她认为是公司应该办的事，就会洋洋洒洒地为你写上一页纸，申明她的理由。记得我们公司第一次搞公益金便服日，就是Pennie的建议，经过公司领导批准开展的。

有Pennie在，我确实觉得各方面工作很方便。每次的会议，Pennie会写个小黄纸条提醒你。有些事情我忘了告诉她，她如果估计我会参加，就操着半生不熟的国语说："刘经理，你不去吗？"她的责任心使我可以不用费心地去记那些我不想记的事。

我相信Pennie没有经过正规的校对训练，但《中国海外》杂志每期稿子交给Pennie校对后，使我大大地放心了。一般情况下，稿样打出后，我都交给每位编辑校对，包括我和Pennie。但每次我看各位编辑的校稿，都是Pennie发现的错字最多，提出的疑问和建议也最多。后来我又把《工作动态》的编辑工作交给了她。最初拿来的稿子，我要改动许多，有时满纸都是修改的字迹。Pennie开始不好意思，我告诉她，我大学刚毕业在国家建工总局政策研究室写文件时，当时的刘玉奎主任一页就给我改得剩下一行字！Pennie后来进步很快，无论是文字还是国语口语。

我回北京不久，Pennie正好有机会随西九龙填海联营公司代表团到北京开董事会，每天日程很紧，当仅有的半天可以上街转转时，Pennie却执意要到总公司看一看，我让原在中国海外集团工作过的聂天胜先生去接她。然后又陪她看了办公厅的几个处室，还在总公司马挺贵总经理的办公室和马总合了影。

俗话说"三个女人一个墟"。公关部有六位小姐，一方面热闹，一方面也在管理上有一定的难度，但公关部的六位小姐却团结得像一个人似的。记得一次开会，

Pennie说过“因为有刘杰，所以我们团结”。这使我很感动，我知道，她们珍惜的是公关部的形象和荣誉。在日常工作中，哪有不磕着碰着的，但她们却求大同，存小异，自己化解了矛盾，使公关部体现出一种蓬勃的朝气和团结战斗的力量。我谢谢她们，并希望她们继续努力。

Pennie现在是公关主任了，祝她有更大的进步。

Haily（李冬琳）

Haily现在是公关部的秘书了。最初成立公关部时，Haily是文员，从行政部调过来，可以说是公关部的元老。

看到Haily一步步地成长，我由衷地高兴。当初Haily入职公司时，是前台接线员，由于工作很认真负责，才让她改任文员。Haily确实聪明，从一点儿中文打字也不会到可以比前几任文员小姐快许多，而这个过程又是那么的短。

我有时开玩笑说：“我的字让Haily惯坏了”。好像是有这种天赋似的，她看几遍你的笔体，不管你的字再怎么变化，她也认得出，有时我工作忙，字草得一塌糊涂，又不肯花时间抄，就用偷懒的办法让Haily打字，然后我再斟酌修改。每当我站在Haily身后，用抱歉的口吻说：“Haily，这个你帮我打一下，有些草”。她总是轻轻一笑，一会儿就交给我一份十分干净漂亮的打印件，甚至一些省略和空字也给填上了。孙总的一些报告和文件基本上由Haily打字。孙总的字很有风格，但由于工作忙，往往写得较草，也有一些他独有的简写，除个别的Haily几乎都可以认下来。我相信，我与成小姐和Haily是公司里认孙总字的“专家”。我很感激Haily，她是一个十分懂事的女孩子，有时公关部的工作忙不过来，有急件要加班，不管是平时还是节假日，只要我对她一说，她总是痛痛快快地答应。可有好几次，我见她随后拿起电话去与自己的母亲和男朋友商量如何改变已有的安排。

Haily的工作很平凡，但她却把这平凡的工作做得极不平凡。有时孙总来了急件，有时我用自己的潦草字体写了一大堆东西，如果Haily恰巧不在，心里确实没着没落的。Haily的打字速度可以快到我一边写她一边打字，我写好了，她也只剩下最后一页没有打完了。当然，现在公关部小姐的中文打字也都慢慢地赶了上来。

我相信，Haily很喜欢这间公司，也很喜欢中国海外这个大家庭。

1995年4月至6月“中国海外杯”中资机构篮球赛在香港举行，比赛经常安排在晚上和周六下午，联谊会除正式组织几个主要场次的啦啦队外，也号召大家尽量参观鼓劲。由于是假日，应者寥寥。但在比赛中每当我队入球时，我总能在球场上听见那熟悉的欢呼声。循声望去，Haily和Pennie总是不知从什么时候开始，已坐在看台的一角，为球队鼓掌助威了。

让我说什么呢？可能她们连篮球的规则都不很懂，但主动地放弃休息时间为公司的球队鼓掌助威，这种归属感，使我非常感动。

15周年纪念活动后，照片上的王玉萍小姐已到别的公司去做了。当我这篇文章写完的时候，成钰菱小姐也准备到外边公司转回做自己的专业。公关部的人员又有了小小的调动，先后来了一位内派的张一先生，一位负责联谊会工作的吴国锋先生以及孙总的秘书杜婉姗小姐。公关部的职责又增加了，组织、办理全公司的大型旅游等活动，他们的任务更繁重了。我衷心地希望他们在公关部崔铎声总经理的领导下团结奋斗，再创佳绩，为中国海外的事业做出应有的贡献。

套改一句白居易的词--香江忆，最忆是中海。只要我想起那片曾经生活过的土地，最先泛在脑海里的，不是高楼大厦和灯红酒绿，而是那些曾经共同工作过的可亲可敬的领导和同事，是公关部那一张张让我永远也难以忘怀的面孔……

我实在舍不得你们！

注：1. 此文1996年9月发表于《中国海外》杂志；1997年3月28日刊于《建筑报》。
2. 孙总，孙文杰，时任香港中国海外集团有限公司董事长、总经理。
3. 厉董，厉复友，时任香港中国海外集团副董事长。
4. 凑仔：广东话，意为抚养孩子。

珠峰往来杂记

一

《中华建筑报》社在西藏召开记者站长会，使我有机会踏上这片让人魂牵梦萦的土地。入藏以后，始终处于极度兴奋中，高原反应荡然无存。在日喀则散会，西藏记者站周昆山站长希望我就近转一转，可哪近呢？西藏有120多万平方公里，约占全国领土面积的八分之一。在地图上看，拉萨和日喀则已相当近了，公路距离也有330公里。他极力推荐我去林芝地区，说那里是西藏的江南，很多地方有如瑞士风光，内地的人根本想象不到，但来回车程至少三天，时间不允许。谢谢日喀则市的纪家栋副市长，他说去看一下珠峰两天可以返回，而且主动把他的车派给我用，事情就这样决定了。

临出发，纪副市长的藏族司机拉琼说："把手机关掉吧，出了日喀则市就没有信号了。"于是我们纷纷给单位和家里打了即将"失踪"的电话，带着神圣与期待的心情驶上了通往珠峰之路。"世界屋脊"和"青藏高原"的名字耳熟能详，不知别人的感觉怎么样，我下意识希望得到印证的还是那雄伟壮丽莽莽苍苍的群山，汽车在陡峭的山路上盘来盘去，惊险无比。

我们走的是以上海为起点的318国道，到了日喀则已经是4800多公里了。由拉萨经日喀则到加德满都的一段也叫中尼公路，全程938公里。观看珠峰在定日县，距日喀则240公里，在西南方向。起初我以为国道全是柏油路，但很快我就知道错了，除了临近重要村镇和桥梁时短短一段柏油路外，大部分是修整过的土路。其间有几十公里被来往车辆压得已不成样子。泥土和雨水使道路成为条状的泥塘，深的地方有多半个车轱辘。人在车里一会儿顶上车顶，一会儿又撞向玻璃。我们的车是本田吉普，拉琼说是不会陷进去的，可路上看到陷在泥里装满物资的卡车不在少数。这时我才注意到，路上竟没有一辆小卧车。在西藏的城镇之间，它该是步履维艰。

起初，我们沿着雅鲁藏布江宽阔的河谷行走。我想，在高空上看道路与雅江一定是平行的两条线。远远的山如同北方的丘陵，像两排士兵列队致意，也像两列石兽，虽龙盘虎踞，却毫无敌意。即使雅江穿入山中，我们驶在江边的山路上，感觉也不比北京盘上灵山的道路更险要。

车更多的是行驶在高原上，此时此刻，你可以深切地体味到一马平川的感觉。山仍然是远远的，天蓝得见底，云白得眩目。偶尔有几座雪山在褐色的群峰中探出头来，好像突然在人群中看到一位漂亮天真的少女，不由得你不多望上几眼。有时车好像行驶在群山环抱的原野中，道路的终点是山。而当那拦路的山越来越近时，却又在重山之间闪出一条路，在路的两边又展现出一片原野。

在西藏，人可以深切地感受到天之高，路之远，山之大，江之长。人是那么的渺小，在强烈的日光下，有时真以为会融化。报社的邓千总编说："在西藏，再心眼小的人也不会想到自己！"这使我想到大昭寺的喇嘛尼玛次仁，他是我碰到的第一位每一段解说词都赢来一阵掌声的导游。他说："佛和我们一样，就是普通的人，佛是普渡众生的，我们在祈祷时总是在想自己，我们应该想到更多的人，为他们祈祷。"尼玛次仁把藏文的记载、汉语的著述、民间的传说、真实的沿革同当今的世界，甚至高科技和可持续发展的政策融合在一起，语言朴实睿智。让人久久回味，难以忘怀。

当你的眼睛被山的褐色、云的白色、天的蓝色和耀眼的阳光刺激得无比疲倦时，一块飞入眼眶的绿色会让你目瞪口呆。"山重水复疑无路，柳暗花明又一村"！用在这里竟是那样的贴切！在日喀则通往定日的路上，村庄不多。然而，每有绿色，必有村庄。十数间白色的碉房，猛地出现在眼前，屋角挂在树枝上的经幡随风舞动。牛羊在草地上悠闲地吃草，点缀在碉房间的几株碧绿的杨树在阳光下金光闪闪，黑色的牦牛正在农民的驾驭下往复犁地，村边的儿童善意地向你打着招呼……难道此情此景你不以为进入了香格里拉或桃花源？在西藏，是两头牛并排拉犁，牛头上高高地拴上一束红缨，像顶个红缨枪头。周站长说，那是春耕时才有的仪式，也是一种祈福的心愿。

这时我才想起日喀则市市委李众民书记和喻达娃市长两位属牛的领导在自我介绍时为什么说“我们是二牛抬杠”了。那是合作的意思，不是北方的顶牛的意思。

二

如果说中国是一个旅游资源极为丰富的国度，那么西藏更是中国旅游资源极为丰富的一个省区。短短的几百公里路，在西藏，实在是以管窥天、以蠡测海。美丽的藏北草原，雄奇的雅鲁藏布大峡谷，遥远的阿里地区，雄浑的神山，深邃的圣湖等等，等等，都以迥然不同的特色向世人展示它们的存在。

我们是11时半出发的，当车颠簸到150多公里外的拉孜时，已是下午3时半了。从日喀则到定日要通过两个山口，一是卓布拉山口，一是嘉措拉山口。在拉孜吃完饭上路，即将抵达嘉措拉山口时，突然乌云密布，开始落下雪霰，继而是米粒大小的冰雹，打得汽车玻璃噼啪作响。“山口”的概念并不是我想象的两山对峙，伟岸险峻，一夫当关，万夫莫开。在绵延到天边的群山中，嘉措拉山口略有起伏，但很广阔，更像一个沙场秋点兵的点兵台。路边的水泥碑上赫然写着“嘉措拉山口，海拔5200米”。山口边挂起的风马有几十米长，五颜六色的经幡被强劲的山风吹得呼呼作响，散落在地上的经幡七盘八绕，堆得老高。几个外国人在哆哆嗦嗦地照相留念。

车驶上了柏油路，当我以为又要经过一个村庄时，拉琼说：“定日到了”。我看了一下表，时间是下午6时30分。定日有两个，我们到达的是新定日。老定日还要再走70多公里。临行前，纪副市长嘱咐一定要住最好的珠峰宾馆。在眼前的一片房屋中，珠峰宾馆很好找。宾馆的大堂挂着旅游局颁发的一星宾馆证书。有热水可以洗澡，有全球卫星海事电话可以对外联络，各方面条件比预想的好多了。

住下的第一件事情就是商量行程。建筑报社通联部华敬友主任主张马上出发去看珠峰，周站长和拉琼看看时间，为了安全，有些犹豫。这时，宾馆的临时负责人央珍加入了意见。她建议先吃饭休息，次日早上去看珠峰。我问："明天早上可以看到吗?"她说："那可不保证，来两次看不到的有许多人，珠峰天气变化无常，经常有许多云把山罩住。""那我们为什么不多增加一次机会呢?"定日与北京隔了两个时区，估计九时半才天黑，时间赶得及。观珠峰的地点有两个，一个是在老定日，路好走，天朗气清，在路边就可以见到珠峰。一个是在去登山大本营的路上，要攀山，而且次日早上就要去那里。终于议定，去老定日，马上出发，时间7时30分。

鲁鲁公安边防检查站设在新定日城边，一位武警战士在有八开大的本子上详细地

登记了我们的姓名、边防证和身份证号，才准予我们通过。

路仍然是土路，但很干爽，有些碎石散落其上。我们的车驰过两山之间的原野，像在阅兵。太阳还老高，整个世界白亮白亮的。但毕竟是傍晚，太阳的手已不那么抓人了。风温和了许多，充满凉意。

拉琼指着西南的一片远山说，“珠峰就在那片山的后面”。定日也是4300米的海拔，远处的山显得不很高，白色的云彩浓浓地罩在山头。车厢里很静，我们谁也没说话。我知道，我们是在急急地领取那份大自然的判决书——今天能见到日思夜想的珠峰吗?

“青藏高原”的歌声在车厢里回荡。我发现，在西藏，藏汉同胞都非常喜爱这首歌。商店里的录音机常常播放这首歌，时不时听见人们在小声哼唱，酒席宴间更有人一展歌喉，而且越是藏族同胞唱得越有味道。我也渐渐喜欢上这首歌了，我觉得它的词曲与青藏高原久远的历史、辽阔的空间、雄浑的气魄结合得天衣无缝，具有一种震撼人心的力量。也许只有身临其境才可以体会到“一座山一座座山川，一座座山川相连”，那平易又带些技巧的语言所表达的山峦起伏、连绵不断的感觉。

那片山越来越近了，为首的是一座大山，我相信它身后的珠穆朗玛峰仍然很远，但它像一道门，使你无法看到它身后的景致。

当我们绕过这座山时，珠峰是静静地出现在我们面前的。由公路向南望，先是绿色的草原，然后是低矮的山峰。喜马拉雅山脉银白的山脊一字排开，像一条铺在高原上的洁白的哈达。我们距山脉还要有大几十公里，与高远的天空相比，那连绵的雪山就像一排落满雪的大屋顶的楼房，并不是很高。稍稍突出的几座山峰上都有一团云彩，一直罩到山腰。在湛蓝的天空里，这云彩显得有些微不足道。据说这叫“珠穆朗玛峰旗云”，是自然因素形成的，随风涌动，千变万化，有如飘扬的旗帜，也有人称珠穆朗玛旗云为“世界上最高的风向标”。

此时是8时45分，老定日县城已历历在目。公安边防部队在路上设了一个临时检查站，几个战士在路边执行公务，近处有几个军用帐篷支在草地上。一路上没有碰到其他车辆，战士很友好，我们闲聊了几句后决定穿过老定日县城，看看可否绕到云彩的另一边。华主任高声叫道“我们多等一会儿，云肯定会散去的!”我没说话，但也有一种强烈的感觉，我们会见到珠峰的。

穿过老定日，我们停下车，开始等待。虽然太阳偏西，天还大亮，只是天气已可用“冷”字来形容了。老定日城边的原野极广阔。道路从原野穿过像个“中”字。四周的群山与天相接，想到了古人的诗句“天似穹庐，笼盖四野”。

山顶的云，在翻腾，在涌动，越来越薄。希望随着露出的山越来越多。一字排开的山峰中有四座稍高一些，靠右边的一座与另外三座相距稍远。拉琼说；“三座相近的高峰靠中间的是珠峰。”于是，我们把镜头对准那山峰开始不停地拍照。太阳也渐渐地落到西边的山后，天空泛出一抹红霞，云几乎散尽了。路边的藏族同胞也告诉我们“这是岗巴峰”“那是卓娜峰”，等等。

问多了，心头也有了疑惑。回来通过临时检查站时，我们问战士，小战士回答“是中间的。”话音未落，路边的帐篷中有一个战士探出头来喊到“是前边的!”一句话说得我们哭笑不得，把全部兴奋点投入的那座山难道不是珠峰?

回来的路上，天已完全黑了下来。野兔好像就等车过来，才在车灯的光照下穿过马路。到珠峰宾馆时已11时了。我们不再争论，全部希望寄托在第二天早上。

一夜无梦。

三

早上6时的定日，窗外漆黑一片。感受着房间内的温度，室外和山上的温度让人不寒而栗。央珍为我们每人找了一件员工的大衣，拉琼去开车。我偶然看了一下天空，立刻被满天璀璨的星星惊呆了。北斗七星像放在地平线上的一个水勺，银河

南北贯通，晶莹的光芒如挂在地球上的一条镶满钻石的绶带。这样明亮、清澈、深邃的天空，只在儿时的记忆中尚存。我感到那星空就如同藏族同胞纯净的心灵和眼神。真的，那种毫无猜忌、戒备、觊觎，充满友好、纯真、善良的眼神，已经许久没有看到了。

出鲁鲁公安边防检查站5公里，车拐向东南，开始盘山。路上满是大大小小的石头，很不好走。拉琼说："这路修过了，好走多了，以前几乎没有路。"

我们的目的地是离定日20公里左右的一个观山处，由于当天还要返回日喀则，不可能再往前走了。由观山处向前40公里有座绒布寺，海拔5110米，是世界最高的寺庙。1899年由红教（宁玛派）喇嘛阿旺丹增罗布创建。绒布寺也是观珠峰的最佳位置，两者直线距离仅25公里。由绒布寺向东南方8公里，即为珠穆朗玛峰登山大本营，海拔5200米，是各路登山好手一展英姿的起点。

青藏高原是世界上最高最大的高原，喜马拉雅山是青藏高原最高的山脉，人称世界屋脊。"喜马拉雅"为印度梵文，"喜马"意为雪，"拉雅"意为家乡。据称世界

上14座8000米以上的高峰就有10座分布在喜马拉雅山脉之中。珠穆朗玛峰是喜马拉雅山脉的主峰，海拔8848米，也是地球的最高峰。“珠穆朗玛”为“女神第三”的藏语音译。1717年载入清代的《皇舆全览图》，名为“朱母朗马阿林”。1855年，印度测量局在英国人主持下，以该局局长埃佛勒斯（S · G · Everest）的姓氏命名此峰。1952年，中国将埃佛勒斯峰正式命名为珠穆朗玛峰。

7时，绕过一座罩满云层的大山，我们一下站到了珠峰面前。尽管一直盼望这个时辰的到来，仍有些猝不及防的感觉。

登山处有个水泥碑，上边标着眼前各个山峰的位置，下边写着“喜马拉雅自然保护区”的字样。沿水泥碑，大小不一的堆满了藏族同胞祈祷祝愿的玛尼堆，在清晨的曙色中更增加了神秘的色彩。

天空是作家们常形容的那种“鱼肚白”色。太阳还没有出，珠峰已清晰可见。我们所在的山脊与珠峰平行，中间是深山大壑，云彩在脚下浮动。好像随着曙色的增加，山巅上的云彩越来越稀薄。终于，半山以上，一碧如洗，万里无云。

7时半，太阳从东方红着脸出来，把它的第一束光芒打在珠峰的顶端。珠峰醒了！世界沸腾了！

珠峰是雄浑的。虽然还有几十公里的直线距离，但珠峰震古烁今、昂首天外的磅礴气势给人以强烈的震撼。在它周围20公里的范围内，仅海拔7000米以上的高峰就有40多座，恰如一片波涛汹涌、雪浪翻飞的大海。毛主席的诗句浮上了心头："飞起玉龙三百万，搅得周天寒彻。"

珠峰是质朴的。质朴得如同藏族的孩子，没有一丝的矫饰。远远望去，就像一座金字塔，朴素的线条是那样的单纯。桂林的拔地而起，张家界的奇峰攒聚，黄山的险岩峭壁，一切的一切在这里黯然失色。"五岳归来不看山，黄山归来不看岳。"我想，说这话的那位先人一定没有到过珠峰，一定没有想到人间的至美竟是这样的简单！

站在珠峰面前，除了激动的心情，我好像什么感想也没有了。拉琼又像在对我又像自言自语地说："真的特别好，真的特别好。"是的，真的特别好。与任何自然的景观相比，珠峰是独一无二的，因为它是世界的一极。

令人格外兴奋的巧合是1960年5月25日，中国登山队王富洲三人首次从北坡登上珠峰。我们站在此地的时间也恰恰是5月25日。与此同时，据我们所知，5月21日，我们的黑龙江同胞闫庚华登顶成功，在下山的路上失踪，而就在我们观看珠穆朗玛峰的那一刻，还没有人知道他的去向。

多亏那件大衣，使我们在寒冷的天气里，在山上盘桓了两个小时，拿着照相机跑上跑下，跑来跑去，不停地按动快门，激动、兴奋的心情难以自制。9时，我们恋恋不舍地下了山。

路上，大家算了个数，到西藏的人不多，到定日来的人也不多，来了看不见珠峰的还有一半，而我们又是人类的多少分之一呢？据说截止1998年底全世界有1054人登上了珠峰，那么看到它的人呢？

我们下山时，天不那么清爽了，消散的云好像又收到了集合的命令。只是他们的

注：此文2000年6月全文连载于《中华建筑报》；2004年9月部分发表于《文化月刊》。

纪律不是太严，四面八方的水气在散散漫漫地向珠峰集结。几辆车在缓缓上山，周站长说他们可能看不到珠峰了。不知为什么，有些为他们惋惜。

快接近定日时，看到路上被轧死的野兔，拉琼有些沉默。我问："怎么了?"拉琼说："可能是我昨天轧死的！这个月是萨嘎达瓦节，不杀生。""还有别的车过，可能不是你。"拉琼好像仍未释然。我觉得他的想法很纯朴，野兔死了就是杀生了，不管是谁轧死的。

余下的路拉琼在沉默中度过，我们尊重了他，没有人说话。或许我们也该在沉默中思考些什么。

冈比亚散记

我没有测算过冈比亚和智利哪一个国家更为狭长。智利的狭长，任何一本地理书都有记载。冈比亚的狭长，好像由于名气不如智利大，知道的人并不多。冈比亚位于非洲的西部，从15世纪开始，葡萄牙、荷兰、英国、法国相继入侵这块土地，在这场殖民角逐中，英法两国渐渐占了上风。冈比亚的边界线划分就完全是殖民主义的产物，而不是由于种族和地理上的因素决定的。从冈比亚河的中心线各向两岸推进10公里，然后顺着弯弯曲曲的河流绵延472公里，直到上游的亚尔布顿达村，就是她的版图了。讲英语的冈比亚除了西面向海，北、东和南三面都在讲法语的塞内加尔的包围之内。

冈比亚是我第一次出国的目的地，正因为是第一次，留下的印象才如此的深刻。已经十几年了，每当提起冈比亚，都有一种特殊的感觉。那是我第一次领略异国的情调，第一次知道中国之外的世界是个什么样子。而这第一次的刺激，也使我在其后的游历中，时时地产生一些感慨：任何事情都有美好的一面，也有糟糕的一面，把两面结合起来看，事情就圆满了。非洲有贫穷的地方，更有富足的所在；非洲有荒凉的沙漠，更有美丽的绿洲。

清凉油的作用

我们在塞内加尔首都达喀尔转机。航空公司的简称是DS，据说就是塞内加尔的航空公司。飞机不大，我也不知道哪个公司制造的，型号是F27。从吱吱作响的舷梯登上飞机，给人一种不安的感觉。没有人说话。飞机只有十几个座位，设施很简陋。我们一行五人，还有一两个当地客人。机组人员是三个欧洲人，岁数都很大。机长是个老者，气色很好，脸上满是皱纹，饱经沧桑的样子。唯一的一个空姐，五十岁以上，很慈祥。她的坦然镇定使机舱气氛平和下来。整个航程就三十几分钟，连水也没有供应。航行时，飞机驾驶舱的门敞开着，可以见到正在操作的飞行员，也可以透过驾驶舱的玻璃，看见前边蓝蓝的天空。冈比亚首都班珠尔在达喀尔的南边。飞机沿非洲大陆西岸向南飞行。飞机飞的不高，噪声震得人心慌。从舷窗向下望，时而是陆地，时而是大海。偶尔有一个岛，一条船。阳光透过云层把海照成深深浅浅的颜色。天上的风很大。我觉得那飞机像个大风筝，在风中颠簸、僵持，它的某一个部位好像就要随风而去。几个同团的岁数大一些的人，比年轻人更珍惜生命，他们都闭着眼睛，面部神经显得有些紧张。如果心里想什么就是祈祷的话，我觉得他们是在默默地祈祷——那根拴在地上的无形的风筝线可千万别断了。

飞机降落在一片荒地上。下飞机后，阳光灿烂，天气燠热。机场很空旷，候机楼像个怕羞的黑孩子，躲得远远的。班珠尔机场的简陋可想而知。在边检没有什么麻烦，人们知道是中国人，顺利放行，很友好。等了一段时间以后，我们的行李出现了。这一回有了一点点问题，海关人员慢条斯理地问着我们，而且坚持让我们打开箱子。大家都觉得有些为难，其实那个年代，我们的箱子里能有什么呢？就是在电影里看的，有些怕麻烦。装得好好的箱子被抖落开，把衣物等一件件拿出来，里看外看，不信任的眼光在你身上搜来搜去。然后，我们再狼狈不堪地把东西装进去，弄不好，箱子竟装不下原来的东西了。还是来接我们的人轻车熟路，一边指着我们，一边向海关的官员用英语高喊“OUR FRIENDS”，边喊边给了几个海关官员一人一盒清凉油。一个官员迅速地在我们的每一件行李上用白粉笔划了个叉，算是全部通过检验。其余的那些官员马上就打开盒盖，把清凉油擦在脸上，一派惊奇惊喜惊异的神色，其中还混杂着一些享受的感觉，你都会为他们感到愉快。我们有的人高高地翘起大拇指，意思是清凉油NUMBER ONE。对方回报的是一脸灿烂的笑，有些天真，有些幸福。在出国前就听说清凉油在中东和非洲的神奇效用，但总觉得那是人们夸大其辞，可眼前的事实真是没见到不敢相信。

据说，到了斋月，从太阳升起到日头落下，都不能吃东西，我们的同志就给当地工人擦些清凉油，效果奇佳。后来发展到用风油精冲水喝，当地的工人也非常欢迎。

总统府、别墅和当地人的家

总统府在班珠尔市里，临近街市，挺大的一个院子，用高高的铁栅栏拦着，给人的感觉并不森严。铁门前站了个士兵，衣着整洁，很和善。院子里边树木葱茏。不知是花季，还是四时如春，非洲的花，热带的花，或者具体一些，冈比亚的花，出奇的艳丽，颜色既纯且亮，真的是水洗也洗不出。有些不知名的花，形状怪异，颇开眼界。总统府院子里的房子不多，尚未启用的新办公楼，仅仅两层。按我们国内的标准，并不奢华。我们到未来的总统办公室转了一圈，房间大概有50平方米左右，墙纸用的是竹叶的图案，淡淡的绿色。由于正在装修，看不出个样子。贾瓦拉总统是在老总统府接见我们的，由一位秘书样子的人引见了一下，就没有人作陪了。他人很善良，对中国人很友好，见了有三十分钟，对我们的到来表示欢迎，对施工表示满意和感谢。看他说话和行事淡定的样子，真的想不出这里可以随时发生政变。我们自己的同志用自备的相机与总统合了几张影，遗憾的是，我到如今也没有见到与总统的合影。要知道，那是我唯一一次与一个国家元首合影，本来要满足一下自己的虚荣心，可是现在看，没有照片的记忆比有照片的记忆要深多了。有了照片，可能会把照片不知道放在什么地方，就忘得光光的了。而我现在却经常地想起它来，我有一张不知道被人家丢到什么地方的与总统的合影。“塞翁失马”的事，总是有道理的。据说，冈比亚没有军队，总统用的是塞内加尔的卫队，大约有一个排的人在这里执行防卫任务。塞内加尔和冈比亚有协议，由塞内加尔负责冈比亚的军事防卫，我没有考证，但是相信了。

也到冈比亚部长家做过客，他们大都是留学回来的。记得有一次去的时候是晚上，车子三拐两绕地到了一个富人区，周围全是独家小院的别墅。开开门，屋里光线很暗，隐约可以见到家里的装修很西化，各种电器一应俱全。可能为了保持这种情调，主人始终没有完全把灯拧亮。电视机很大，在放着什么碟。节目里是一些西方人，播的乐曲是迪斯科一类。那时不知酒吧什么样子，现在看，活脱脱一个酒吧。部长岁数不大，据说，冈比亚的部长以出国留学回来的居多，国家虽然小，部长的水平却不低。

有时晚上吃完饭，就到住地周围走一走。冈比亚人对中国人非常友好，远远地就可以见到他们善意地向你指手画脚。不管在哪里碰到冈比亚人，他们都有礼貌地问你好，或者说一声“CHINA”、“CHINESE”、“BEIJING”。有的甚至做个武打动作，然后高喊一声“KUNGFU”。村子里大多是草房，房间一般是一个开间，里边的摆设很简陋。房的四周多插上稀疏的木棍作为栅栏。稍富一些的人房子多一些。我见到的一家有一个主房，左右各排列两个稍小一些的房子。据当地人介绍，冈比亚的男人可以娶四个老婆，而且管家、做饭、洗衣、下地分工明确。那小一些的房子可能就是晚娶的老婆住的。

稍好一些的住房就不是木材、草和泥的了，而是用了砖和水泥，那是富些的人家，再富一些的人家住的。还有一些院落，仅仅有个黑人仆人，主人大概出国了，或者本来就是外国人，或者就是一年来个一两趟。

我总觉得冈比亚人是恋家的，他们的生活也是悠闲的。在我们路过的每一个村落，在每一个村落的每一棵大树下，无论什么时候，总是聚集着一些人在那里晒太阳，有的在聊天，有的干脆就在那里静静地坐着。冈比亚的热带水果很丰富，即使没有庄稼收获，也不会饿死人。老天爷的惠顾，给了某些人懒散的机会。

异域情趣

尽管冈比亚是一个小得不能再小的国家，尽管它的首都还没有一些发达国家的小镇大，可中国人在冈比亚也有他们的乐趣。在那里有商务参赞处，有我国援助的体育组、医疗组、渔业组，还有工程承包公司，只有一个台湾人，是在当地一个中国餐馆当厨师。那时还闭塞，说台湾的厨子一个月挣一万元，大家觉得是天文数字。据说他们也挺给中国人争气的，因为他们的废旧物品和衣物，常常送给在冈比亚的一些欧洲人。原来印象，欧洲人都是富人，现在看哪里都有穷人。班珠尔地方小，没有太多的电视频道，加上都是英文和当地语言，电视无法成为休闲的选择。晚饭后，大家散散步，就开始看录像。在住地，有各种纪录保持者，有的人把某一盒录像带看了几十遍，始终无人可及。在家务过农的人，就展示了种菜的才能。小小的住地，房前屋后，种满了西红柿、茄子、黄瓜、豆角等青菜，有时其他组的人也来摘一些。象棋大师在这里是最引以为豪的角色，因为如果没有大的变动，没有人员的出进，冠军的位置不可动摇。我记得为了排遣单调的情绪，听说同行的凌总会下围棋，我到海边专门找来了两色的石头作棋子，又用木板画了棋盘。我棋太臭，总赢不了，可是得到的乐趣却是无法比拟的。医疗组在冈比亚的东部，要两个小时的路程，去那里吃一顿另一个单位厨师做的饭，是大家的联谊方式。这种像串亲戚似的走动，就是节日了。没有大的商店可以逛，没有街景可以看，这种几近于封闭的生活方式，促成了另一种现象。固定的几个人聊天，有说不完的话题；固定的几个人打牌，临时换个人也不舒服；固定的几个人散步，少一个就觉得别扭。甚至固定地去走一条路，去看一株树或者一个蚁山。从非洲回来后，我不太爱吃芒果了，我觉得是在冈比亚吃伤了。住地院内和住地周围满是香蕉和芒果树。那是8月，正是季节。芒果我是知道的，“文化大革命”时，毛主席曾经把巴基斯坦客人送给他的芒果送给工人宣传队。那时候，大家还要敲锣打鼓地迎接，那阵势真有些像前些天台湾恭迎佛骨舍利的样子。在这里，芒果不光多，而且品种也很多。从个头来说，有的芒果大大的，像个木瓜，看了让人馋涎欲滴。也有的就如同鹅蛋，好像袖珍的艺术品。从颜色来说，有的红里带青，有的焦黄焦黄，也有即使熟了也绿绿的。同行的老马爱好摄影，他把芒果洗了，摆在盘子里，放在阳光下，又浇上一点儿水，把照片拍了一张又一张。由于随时可以摘来吃，仅几天，我们就有些撑住了。后来也想，如果不想吃什么，就使劲地吃一顿，不知道是不是也算一招。

车祸

车祸是在塞内加尔发生的，也记在这里是因为它是整个冈比亚之行的一部分。

到冈比亚几天以后，我们因急事到塞内加尔。来不及办签证了，于是在当地工作的同事就告诉我们可以借几本有签证的护照，蒙混过关。当时我们觉得不安，可当地工作的同事表示百分百没问题。他们说服我们说，你能分清每一个黑人同胞吗？他们看你，就像你看他们一样。

我们就这样上路了，果然一路顺利。办完事，我们从塞内加尔返回冈比亚。车是一辆日本丰田牌白色吉普车。司机楼里可以坐两人，后边贴着车帮，有相对的两排座位，一边可以坐三个人。我们同行七人，前边两人，后边五人。临行前还买了一些汽水面包一类，以备路上吃。因车上没有地方了，就把汽水从箱子里拿出来，平铺在脚底下。

非洲的公路大都很好，据说是外国援建的，一马平川，视野开阔。车极少，人也极少。有时为了防止司机疲劳，直直的公路经常人为地修出一个弯。

我们出事的时间是中午。除了司机，车里的人全在打盹，只听见司机叫了一声“坏了”！车猛地向边上一晃，我们就什么也不知道了。隐隐听见一些喧哗的时候，感觉自己已是头冲下的状态了。本能地摸来摸去，终于找到车的门把手。抠开后，几个人爬了出来。仔细地看看周围，不知什么时候已经围满了黑人朋友，从车里飞出的东西被他们收集在一起，整齐的地堆放在旁边。他们有的表情很紧张，大部分是一种同情的神态。好心的黑人朋友叫了几个路过的大卡车，我们分头坐在驾驶舱，到附近的诊所做了最简单的处理。翻了的车是不能用了。临时“征用”的司机把我们送到火车站，乘火车回了冈比亚。我们给了司机一些钱，表示感谢。他们拒绝了很长时间才收下，不然，确实很难心安。

后来，听司机回忆。当时路况很好，车一直以一百四五十公里的速度行驶。路过这个村庄时，是中午，村庄静极了，没有一个人。司机还是减速到了一百二三十公里。没想到，行驶到村子中间时，从路基下边上来了一群羊。由于突然，司机向一边打方向盘稍猛，再往回一拧，车子失控，冲下了路基。路基大概有一米高，车子连滚带爬地向几十米外的村里的房屋撞去。还好的是在距房屋几米的地方，车子四轮朝上地停了下来。

人年轻，腿脚灵活，是不一样。车上七个人，年轻些的三个人仅受些皮肉轻伤。四个老一些的，一个腰伤了，一个肋骨折了，一个胳膊折了，一个腿折了。不管怎么样，这在车祸里是轻的了，不幸中的大幸。

现在想起来，也许我们办了签证，就什么事也不会发生了。对非法入境者的惩罚就是这样的残酷。

语言的力量

住地在班珠尔市郊，是个独立的院子。有办公的区域，有生活的区域，有果树和菜地的区域，也有堆放材料的区域。闲暇时，可以在院子里走走，也可以到院子外边的村里村外走走。拉明是住地的看门人，很清癯，眼睛亮亮的，透着一种和善。他是我的第一个外籍“英语教师”。那段时间，我经常可以碰到拉明。除了他是看门人的原因之外，有的时候我也主动地找他。我们说了很多的话，因为表达不清楚，我大多边说边带动作，甚至用树枝在地上画些图案。不过，我们还是明白了对方的意思。

我问，你多大岁数。他答，29岁。

我问，你家里有几口人。他答，15口人。

他问，冈比亚美不美。我答，很美，到处是绿树和鲜花。

他问，见到贾瓦拉总统了吗。我答，见过。

他说，总统是个好人。聊了一会儿后，他告诉我，如果不说总统是个好人，就要被杀。边说边用手在脖子上做了个砍头的姿势，到今天我也不知道他是不是在开玩笑。

他问，你有妻子吗。我答，有。

他问，几个。我答，一个。

他说，在冈比亚，可以娶两个、三个、四个。一个做饭，一个洗衣，等等。

我说，中国就一个，也要做饭，也要洗衣。

他问，为什么不娶两个。我不会表达了，找了个单词“政府”。他明白了。

他说，在冈比亚娶一个老婆要1000达拉斯（当时约合500人民币）。要买手镯，要买床，要买收音机，要请人吃饭，要跳舞。

我说，中国也差不多要做这些事。

他说，中国人吃饭都自己盛出来吃。在冈比亚，大家围一堆吃一个盆的饭，用手抓。男人在一边，女人在一边，老人在一边。

我说，中国人吃饭用碗，用筷子。拉明笑了，他说他知道。

后来，我们还说了很多，虽然我的英语水平交流有些困难，可是这种交流给我的关于文化和民俗方面的知识却比书上的更实际。

快离开冈比亚的时候，由于同团的广西同事受伤还没有痊愈，希望从香港入境，那里回广西比较方便。我们团6个人一同去办理签证，住地派了一个小伙子担任翻译，英语水平还在提高阶段，沟通得不是很顺利，团里的几个人商量如何向签证官解释。签证官是一位50岁左右的英国女人，或许我们的私下交流被签证官听到了，她张嘴说出了清晰的广东话。几位广西同事被眼前突然的状况惊住了，猛然间，可以互相交流的广东话和广西白话就像开了锅的水一样，沸腾起来。英国女人说，她也刚到冈比亚不久，跟随着丈夫在香港居住多年，日常就用广东话与香港同胞交流。由于从香港入境是临时起意，办理签证有些麻烦。不过，英国女人给出了解决办法：买香港过境机票，然后说明路遇车祸，有伤病，需在香港简单治疗。当时过境香港还没有后来的便利，我们是带着这个锦囊妙计忐忑上路的。之后一切顺利，我也是那时第一次驻足祖国的香港。

摄影师曼松

曼松是我在车祸之后认识的。住地旁边有一条公路，他的照相馆紧靠着路边。照相馆的门脸很小，一个简陋的招牌上写着：MANSONG PHOTO。照相馆就是他的家，离周围的村落有些距离，大概是为了经营的方便。虽然房子不大，可能开一个小的照相馆，在当地就是小康之家了。由于车祸，我的照相机被果汁玷污了镜头，我请他帮助修一修。他看了看，告诉我"NO PROBLEM"。然后，他拿出他的相机，指着镜头说，"IT'S VERY DIRTY"。我想，又是一个英语教师。因为照片的事，后来我又去了他的照相馆几次，我们交谈得很愉快。有一次，他家正在吃饭。他的太太和四个孩子把一些菜、豆和米饭一类的东西放在一个脸盆大小但稍深一些的盆子里，再放一些好象是作料的东西，几个人把手在盆里抓来抓去，然后就直接放到嘴里吃。我觉得很新鲜，但作为好朋友，我也真怕他客气地让我尝一尝。每个民族都有自己的生活习惯，我们都要尊重，可那种吃法，我真的有些接受不了。曼松很善解人意，没有邀请我品尝。曼松很友好，他有一辆像臭虫似的小轿车，车是黄色的，我忘记了是什么牌子。看来只可以装三个人的车，他经常带上他的全家四处游玩。那车是从前门上的，要把司机旁的座位掀起来，人才可以坐到后排。刚刚翻了车的我，看着总是有些紧张。有时，看见曼松和太太把几个孩子塞在车后座，两人坐在前边兴高采烈地出去游玩，真替他捏把汗。临回国时，曼松送给我一本有些类似冈比亚旅游简介的小册子，他说上边的照片是他照的。我请他在上边签了名，他的英文手书很帅。

那本小册子我一直保留着，有时间看看冈比亚的风景，也看看我曾经到过的地方。曼松的年龄大概与我相仿，我总在想，等我再见到他的时候，他会不会长得像汤姆叔叔了。

疯狂音乐会和村民的娱乐

我们在冈比亚的几天里，班珠尔来了一个瑞典的乐队，在体育场演出节目。那时的我对于这些似乎都没有什么兴趣，体育场距我们的住地不远，我们是饭后散步从那里走过的。能坐几万人的体育场只是在主席台边聚集了几千人，上边的人在奏着节奏急快的音乐，扩音器强大的音浪像一个个重重的拳头向我们击来。全场没有人坐下，几千人的晃动好像使体育场也一起晃动起来。晃到兴奋处，几个十几个人冲上舞台，或独自发挥，旁若无人，或围着乐手做伴舞状。刚刚开放不到十年的我们，真的没有体会到这种娱乐方式的妙处，只是不无责怪地议论怎么可以把麦克风的声音开到这么大。说句夸张的话，用重重的音浪拳头来形容这音浪真的是太轻了。那声音就像拆毁旧建筑的重锤，东一下，西一下，像从天上掉下来，像从地下冒出来，它简直就不是声音，而是一个活的魔鬼，发疯地在摧毁一切。这种欢乐的气氛把这个民族的性格表露无遗，现在回想起来，什么迪斯科也不会比这种舞蹈更原汁原味儿。那时虽然开放了，好像外边的艺术和做法还没有那么让人们接受，我对可以那么自然地冲上舞台发泄自己的感情的方式，真感到很奇怪，很新鲜，很过瘾。现在，我们接受了这种方式，而且觉得很自然了。当然这种方式在中国还不是经常见到，在日本倒是有机会见到。日本东京的一些公园的门口，在晚上经常的聚集一些年轻人，歌手也是一些年轻人，大家就这样近距离地接触。有时也在想，现代艺术可能更注重参与而不仅仅是欣赏。

雨夜闻雷

离开冈比亚也有十几年了，再也没有听过那么惊心动魄的雷声了。当时我有一点文字，是这样记的：

一声炸雷摔在地上，让人心惊胆战，整个天地全在发抖。风吼起来，闪电一个接一个，晃得人眼花缭乱。偶尔一个大的闪电，天空亮似白昼。那雨丝被风吹得如同一个横着挂起来的门帘。院子里的芒果树、香蕉树像一个个精灵，拼命摇着黑影的旗，那欢狂，那暴躁，那幸灾乐祸！雷一个一个地滚来，不，不是从远方滚来，而是从地底下冒上来，从头顶上摔下来，一声大似一声。小小的临建棚好像随时要在暴怒的声音中，在这发狂的水雾里，裂成碎片。就像1976年感受唐山大地震一样，在这心灵与世界的晃动中，我的眼睛死死地盯住地面，在这样惊天动地的巨响中，地是不是也该有一条缝隙了。我赶紧关掉电灯，心里不由自主地看了看那几件厚衣服，如果需要，我随时捡起来跑到院子里去。但我还算镇静，我确信，一切都会过去。爬上床，心烦意乱地被迫地听着这风雨雷电的交响乐。天哪，真的是风雨雷电的交响乐，有生以来也第一次体味到这样的雷声，这样的暴雨，这样的狂风。非洲的风雨雷电！

第二天，我又写道：如果不是我亲身经历，对着这阳光明媚、鸟儿啁啾、叶绿花红的世界，无论如何我也说不出昨夜曾发生了一场什么样的征战。

也有旅游

比起非洲那些有高山有大河有湖泊有瀑布有森林公园的国家来说，冈比亚好像什么也没有。可这些似乎并没有挡住欧美人旅游的脚步。冈比亚也有档次很高的酒店和度假村。那时我们中国人刚刚走进世界，有些小心翼翼，有些战战兢兢，说实话，那些酒店只是远远地看了看。也好，当时没有机会出什么洋相，不过这事情本身大概就是个洋相吧。

很多人知道，著名小说《根》记载的小岛。据先来的同志介绍，当年书籍里边介绍的从非洲向美洲运送黑人的小岛，就在冈比亚的海边，天气好了甚至可以看见。对于有些人来说，这是一个旅游的景点，我也一直想去，但苦于没时间和机会，终于没有去成。我想，看看这种景点是十分有意义的，站在对于人的历史和人的尊严的野蛮伤害的实证面前，一定充满了沧桑的历史感，一定会想到很多的东西。

最开眼的事就是去医疗组的这一路了。路沿着河，有时在河里看见大片枯死的树木。好像死了很久了，树干黑色，树冠折断后倒垂下来，与水中的倒影构成一幅惊心动魄的图画。蚁山大的有房子高，就是由普通的沙土组成的，不经这里的老同志解释，真不知道这是什么。两个多小时的路，看见路边的死牲畜就有十多只，很多露出白骨，有年月了。据说，很多外国的司机撞死了牲畜不但不赔钱，还吓唬当地的黑人同胞说“赶快拉走，死在路上，一会儿警察来了要罚钱的。”又有些年过去了，文明在进步，现在那种事情该不会有了。

酒店没有走近，酒店的游泳池自然也没有走近。所以，也没有发生一群衣着整齐

的中国人在穿着三点式泳衣甚至解开乳罩的女游客之间穿行而遭到侧目而视的故事。有一次，我到海边游泳，倒是看见一个白人妇女带了个黑人仆人，走到离游泳的几个人稍远些的地方，仆人举起一个大大的毛巾挡住了人们的视线，然后，白人妇女在那里坦然地更换衣物。我不想耸人听闻，由于远，我确实没有看清楚那个黑人仆人是男人还是女人。

从机场到市里沿路树木葱茏，偶尔还能看见一群群猴子在树上在路边蹦来跳去。我们的住地周围到处是各种树木，有一种树，像个大蒲扇栽在地上，高的要比房子还高，绿油油的，据说叫旅人蕉，可以在荒野中为迷路的人指示方向。

登机之战

机场离住地不远。按照国内的习惯，我们掐着时间在宿舍里闲聊。代办来告别，看着我们一脸坦然的样子，露出焦急的神色。他催我们早一些走，说如果去晚了会上不去飞机。大家面面相觑，即使将信将疑，我们还是匆匆地赶向机场。小小的候机室挤满了人，代办说往前站站，稍微等等，结果飞机起飞时间过了，仍没有广播登机。代办急了，拉着我们的手往里冲，边走边说，这里有票登不了飞机的情况太常见了。他向挤满候机室的黑人同胞喊，“CHINA, CHINA!”。过五关斩六将，终于到了飞机前。飞机下边已经挤满了人，好像有些骚动不安。人们的眼神很焦躁，一边与工作人员交涉，一边死死地盯住那个关得严严的机舱门，好像一有信号，就会奋不顾身地冲过去似的。中国人在冈比亚是受欢迎的，尤其是中国人建的总统府和到处救死扶伤的中国医疗队，更是给他们留下了极深的印象。代办亮明身份，说是送一个中国代表团。机场的管理人员很理解我们的要求，很快我们就被获准登机了。而令人惊讶的是，周围的黑人同胞没有什么不快的表示，他们认为这是正常的。代办说，他们就是这样管理的，人们习以为常，就像不对号的电影院一样，买了票也要早些来占座。坐在飞机上，我们才长出了一口气，开玩笑说，这可不像火车，没座了站着，坐飞机来晚了可没有站座。想到如果上不了飞机就要等到下一航班，而下一个航班是一个星期以后，真是有些笑不出声。

有趣的是由于飞机座位安排的无序，我们的普通舱已经没有了。这样，我们就来得早不如来得巧，用普通舱的票坐上了头等舱，除了坐的舒适，心里也很舒适。

当年有些懒，没有留下成篇的文字，是个遗憾。可有趣的是，在去了冈比亚十几年之后，我竟然还可以基本凭回忆写点东西出来，自己也感到惊讶。因为我也去过几十个国家了，能有这么深记忆的，真是不多。这主要是第一次，刺激强烈；再就是在那里翻了车，多住了一段时间，算是与她有生死之交。我很喜欢这个小小的国家，希望她发展，希望她壮大，也希望有朝一日我再踏足这片土地，去印证我的记忆。

（2001-3——2015-3）

注：1. 老马，马玉珏，时位广西壮族自治区建委副主任。
2. 凌总，凌征民，时任广西建筑工程总公司副总经理。

西归浦

一

洪哥说我们夜宿济州岛的南端，那里有一个美丽的小城市。西归浦就是那个最南端的城市了，好像并不美，美的是她那宁静、从容和平和的氛围。

车抵市区正是傍晚。没有来往的人流，没有来往的车流，小城静静的。北方特有的萧瑟笼罩着她。

小城靠海，海在城南。沿海岸散落着几幢别墅，道路在别墅北边穿过，更多的房子在道路的北边。房子不高，以二三层居多。墙以白为主，瓦为红色。树少。恐未宿繁华所在，仅一二商铺点缀路边街角。

海不知是涨潮还是退潮，知趣地在一边哼着它的男低音，好像小城永恒的背景音乐。没有船在海上，没有人在岸边，没有鸟在天上。有风，但很轻。

西归浦，多么动人的名字。有一种暗示，这里有一个美丽的故事。

当天晚上，介绍韩国的书籍告诉我，传说秦始皇派徐福求长生不老之药，派出的五百童男五百童女就是从这里掉转船头——西归的。

我相信，他们没有找到长生不老之药。或者，他们经受不住这小城的说不出的氛围；或者，那时还没有这小城，有的只是几条渔船、二三茅屋而已。小城因他们而发展，因他们而流韵千古。

是的，明天我就要离去。我好像知道了这城为什么这么小，游人为什么这么少。这小城美丽的名字和宁静的氛围，会使人产生一种奇异的感觉。

二

从韩国回来以后，对西归浦，总有一种感觉排遣不掉。某一天，坐在电脑前，东鳞西爪地记下了当时的散碎记忆，心里还觉得有些东西没有表达。

济州岛在朝鲜半岛的南端，是由火山喷发形成的火山岛。西归浦是济州岛南端的一个城市。我们计划从岛的北部沿西路开车到西归浦，然后从东路回到北部，再由那里回到韩国的内地。

到现在，我也不知道西归浦是不是有个不大的闹市区，是不是有几幢高楼，几间酒店，几座商场，高峰时候路上挤满熙来攘往的车辆。那时国人旅游还没有成气候，星星点点的当地人还不足以撑起西归浦以致济州岛的繁华。

我只记得西归浦旁边有个叫做天地渊的瀑布，是一个袖珍的公园。那瀑布不大，有些像我们雁荡山的大龙湫，只是高度和气势大概不如。相同的是它们下边都有个小小的平湖，可以在上边荡舟。天地渊瀑布的水流有些像清朝人的大辫子拖在脑后。大龙湫则是一个长发披肩的发型。或许是我到两个瀑布的时间不同所致，一个多雨季节，一个枯水季节，错过了好端端的景致，还在妄加评论。

我至今也无法解释为什么对西归浦是这样一种感觉。也许出来时间太长了，也许到达的时间是一个傍晚，也许当时的街上没有什么行人，也许当时的天色有些灰蒙蒙，也许一路走来都是韩国喧闹的都市，也许西归浦靠海的那个角落有些像家乡的渔村，也许真的就是这样一个令人浮想联翩的名字……

其实，旅游观光就像随意读书。随便翻到哪里，看到什么，就是什么。没有见到的景点如同没有见到的页码，请别人去见去读好了；没有感觉的风景，就忘在脑后，请别人去感悟去回味好了。

注：此文2001年5月8日部分发表于《中华建筑报》；部分登载于《书香中建》丛书之休闲篇《情致中建》。

达喀尔

塞内加尔在非洲的最西端。达喀尔是塞内加尔的首都，在塞内加尔的最西端。达喀尔的最西端骄傲地伸进大西洋，她是整个非洲大陆的最西端。

来到达喀尔的时候正值八月，天有些热，但完全可以忍受。想象中的非洲天气，是令人恐怖的燥热，然而想象与现实总是有差距的。风是湿润的。树木碧绿，它所覆盖的面积，感觉上超过了北京。同行的建筑师对风格各异的建筑赞不绝口，在城市里穿行，仿佛是在参观一个小型的万国建筑博览会。

后来，我们逐渐了解一些这个城市。我们很惭愧，我们一开始时对她的漠视。据说，第二次世界大战的战火没有烧到达喀尔。当时的一些欧洲富人们选择此地躲避战火，于是，这里产生了一个繁荣兴旺的时期。那时，人们叫她西非小巴黎。直到今天，虽然没有了战火的衬托，小巴黎风神不减，依旧光彩照人。昔日富人的子孙们把这片土地的美丽告诉了世界，百里迢迢、千里迢迢，甚至万里迢迢到这里追逐阳光、空气和闲暇的大有人在。

在达喀尔的最西端，我确认了一块最西的礁石。那是我第一次出国，我想把达喀尔的骄傲和我的骄傲结合在一起，背对大西洋，留下一张照片作为见证。这时，我见到一位当地老人，身材魁梧，头发斑白，黝黑的皮肤在阳光下闪闪发光，脸上是只有海风才可以抓挠出的深深的褶皱。应我的邀请，他走过来同我合影，一只宽大的黑色的手掌握住了我的手，我闻到了一丝淡淡的海的腥味。

我想起了《老人与海》。

注：此文2001年5月8日发表于《中华建筑报》；
登载于《书香中建》丛书之休闲篇《情致中建》。

下龙湾

下龙湾！名字起得多好。你只有身临其境，才可以领略它的风采。

毛主席形容昆仑山说，“飞起玉龙三百万，搅得周天寒彻”。要说从气魄从场面从动态从感觉来说，面对下龙湾这一片海，也同样恰如其分。就在这一片海上，恰似三百万条巨龙翻腾搅动，露头，露尾，露腹，露脊。有暴怒的，昂头翘首，仰面长吟；有嬉戏的，尾摆如戟，斜指南天；有端庄的，正襟危坐，旁若无人；有闲适的，江天独钓，静若处子；有交谈的，两肩并峙，嘤嘤私语。

坐船穿行在下龙湾的海上奇峰中，你会以为穿行在一片喧腾的街市，你会以为误入铁骑突出刀枪鸣的战场，你会以为天帝震怒，雷鸣电闪，乌云翻卷，你会以为某位神仙正在下龙湾起网，那山峰就是网中腾跳的鲤鱼。

据说有人评价这里是海上桂林，我以为得其形未得其神。李白形容桂林的名句是“山从人面起，云自马头生。”，极力渲染她的刀削斧刻，拔地而起，就此一点评价，下龙湾是不错的。从水底冒出的山峰如蘑菇，如春笋，决不拖泥带水，决不枝叶纷披。然而，桂林是灵秀的，是清纯的，水像个少女，山也是个书生。徜徉在桂林的山水间，给你的感受是诗是画，是一种闲适幽雅的情怀。下龙湾是雄浑的、粗犷的，是个充满阳刚之气的男子汉。留连在下龙湾的碧波间，你会以为自己是一个战士，有一种请缨的冲动。

山水是大自然的艺术，阅读者见仁见智，或凭一时的心境，或需一生的积淀，或以一技的联想，或靠前人的点拨，悦耳为欲，悦目为姝，无达诂，无正解，随你想去好了。

注：此文2001年5月8日发表于《中华建筑报》；
登载于《书香中建》丛书之休闲篇《情致中建》。

特列尔

我们由巴黎东行，准确地说，正东偏北。路上多有盘桓，到达德国已是下午。同行的朋友商议，在特列尔住上一晚。

特列尔的名字我并不陌生，记得少时读《马克思的青年时代》，那个遥远的小城是我梦中一个活生生的所在。我甚至熟悉那条街，那座小房子，街上那些穿燕尾服戴礼帽的绅士。并不是炫耀我对马克思情有独钟，而是文化大革命那段时间的书，烧的烧，撕的撕，民间流传得太少了。仅有的几本书，朋友之间私下借阅，记忆确实深刻。更多地知道马克思，是在父母的交谈中，在广播、报纸、小说里。记得当时推荐阅读的《共产党宣言》《反杜林论》和《国家与革命》等书籍很多，然而对于我们这些小学生，或者刚刚转入初中的学生来说，弱小的身躯和贫瘠的知识，确实难以理解如此沉重的思想。站在特列尔的街道上，我有一个奇怪的想法，如果不是出于某种特殊原因，那么多人的回忆录出现误记或失真，是可以原谅的。有些事情念兹在兹，恍恍惚惚，加上时光的销蚀，最后连自己都失去了对真假的判断。

特列尔城市不大，居民有10万人左右。旅馆窗外，隔着街道，是著名的尼格拉城门，由于多年的风吹日晒，石头变色，当地人都叫它黑城门。按方位，黑城门该是特列尔城的北门，我们住在北门外。据说特列尔拥有德国最多的古罗马遗迹，而黑城门是德国最古老的古罗马遗迹。在特列尔的鼎盛时期，曾经做过西罗马帝国的首都。信息就是这样地不对称！以往，总觉得特列尔是个平常的小城市，因为产生了马克思而名闻天下。现在看，说地杰人灵、相得益彰，特列尔滋养了马克思的成长，毫不为过。甚至在欧洲，知道特列尔，不知道特列尔和马克思关系的人，占有更大的比例。记得剑桥大学和英国广播公司（BBC）在进入新千年的时候，分别组织评选过千年思想家，结果马克思都位列第一名。据英国《卫报》报道，最近，由学术书书商、图书馆馆长、出版商联合发起的“学术图书周”上，举行了一项面向公众的投票，选出了有史以来最具影响力的20本学术书。马克思、恩格斯合著的《共产党宣言》位列达尔文《物种起源》之后，屈居第二。如果考虑意识形态对票数的影响，这个结果确实不错了。

马克思故居是国外那种小型博物馆，没有几个工作人员。那天，也没有几个参观的人，甚至中国人。小楼三层，白色。整条街的房子肩挨肩挤着，没有留出什么空隙。如果查查资料，看看当时照的照片，会将那里的情况描写得更清楚一些。我们虔诚地、肃然起敬地楼上楼下走了走，记得故居中陈列着马克思使用过的桌椅书柜，记得那些卷帙浩繁的著作版本和手稿，记得介绍马克思伟大一生的文字图片，等等。当时想，参观伟人的故居，更大的意义是不是要感受伟人的气场，看看那些真实的、在其他地方不曾见不容易见的东西。至于那些故事和业绩，如果需要，最好回去做功课。

临出门的时候，在门的左边，有个不大的桌子，上边放了一个大大的本子。那本子是打开的，旁边放了一支笔。小施说，全博物馆就是这个本子最值得看。我们凑过去，原来是一本留言簿。从语言来说，以中文居多。小施说，前几次来，都有留言，而且下一次还可以见到。我们找了找，没有找到，大概是留言的人比较多，本子已经换了。看看留言，挺有意思，有由衷赞美的，有肆意贬斥的，有公开置疑的，有愤愤不平的。他们说，最有名的一句留言是“马克思啊，你把马克留在了德国，把思想给了我们。”现在看，他不光将思想留给了我们，也留给了全世界；他不是没有给我们马克，而是换成了人民币。

有趣的是，前段时间父母家里拆迁，回家帮忙收拾东西时，竟见到了我三十几年前曾经读过的那本书。书很破旧，已经没有封皮，书脊上还可以见到“谢列”两个字，大概是作者或者译者名字中的字，应该是个苏联人。我不想去查他的全名了，这样更有情趣。书的第一部第二章名字叫“特列尔”，其中有一段文字是这样写的：“1830年，亨利·马克思律师12岁的儿子头一年上中学就以极端调皮出了名。他灵活好动，玩的办法很多，能讲许许多多的离奇故事，经常使得迂腐的、智力衰退的教师们大伤脑筋，甚至束手无策。他们不由自主地在孩子的才智、异常明确的意志和无限的求知欲面前退缩了。不过，这位皮肤黝黑，一双小眼炯炯有神的孩子似乎一年比一年稳重了。”我不知道这位谢列同志如何知道这些事情，如果他不是文学想象，如果有些准确的资料来源，还真的给我们这些后学后知后生后辈一些安慰——伟大是从平凡开始的。

晚饭后，我们散步回酒店。特列尔一如谢列所写：“城市的生活非常有规律，一到晚上10点，无论花多么香，星多么亮，街道上也就空旷无人了。”谢列如果说的当时的情况是真的，将近200年了，德国人一直保持着这个规律。或许正是因为这种严谨、精细、不浮躁的态度，使德国产生了马克思，产生了那么多令人叹为观止的思想家、哲学家和文学家。

（2001-3——2015-11-25）

林堡

由法兰克福去克布伦茨的路上，小施问：“顺路有一个小城市，很美，去看一下吗？”大家赞成。于是，车转下高速公路，20分钟后，一个童话般的世界展现在我们面前。

那是清晨，静静的，小城笼罩在淡淡的雾气之中。迎面而来的，是德国典型的木房子，红的白的黑的几何图案，拼出鲜活亮丽的色彩。大道宽敞，广场温馨。小路有些像北京的胡同，只是这里曲曲弯弯，更干净些，更轻灵飘逸些。房子大多三四层，临街相对，抬头望望，像某个景点的一线天。

在街道中穿来拐去，功夫不大，林堡教堂出现在眼前。小施说，教堂很有名，德国1977年1000马克面值的纸币背面，印有这个教堂的图案。通向教堂的小路不太宽，一边是略显开阔的园地，一边是矮墙和垂柳，柳枝在微风中轻轻摆动。薄雾中的教堂缥缥缈缈，有些神圣，有些神秘，也更令人神往。

教堂虽然古老，可收拾得很整洁。圣诞节刚过，教堂大厅里还摆着圣诞树，小铃铛等装饰物还耀眼地挂在那里。一位嬷嬷在点蜡烛，样子很从容，很温和。小施同她讲了几句德语，老人笑了。我没有问小施讲的什么，只是记住了老人的笑，这笑容使我想起了记忆中的又一张笑脸。那是在香港，几个十几岁的小女孩在地铁里散发基督教的宣传材料。其中一个小女孩走到我面前，礼貌地把材料递给我，由于我对宗教没有什么认识，就善意地回绝了。小女孩笑了笑，转身走了。那笑容我至今记得，只是我怎么也形容不出那笑容所包含的真、善和美。那是一种明净淡然的境界，是蓝天上的一片白云，是深山里的一方湖泊，是草原上一只摇摇晃晃走路的小羊羔，是清纯，是善良，是美好，是一种说不出的感觉，好像那小女孩是一个天使，只是纯真地在这个世界徜徉。她需要你加入她的世界，她觉得在她的世界里一切都可以得到净化。可是，她又那么地理解你，她知道世界上的美好之处有许许多多，她理解你的不加入他们的世界，她宽容你的对她们的世界的淡然和漠然。

这么多年，我总也忘不了林堡那个飘着雾气的早晨，那座教堂和那两张相似的笑脸。

（2001-4-4——2018-3-6）

兰桂坊

1992年12月31日，在太古广场的UA金钟看过电影，已近午夜，兴致尚浓。与赵桂晨和聂天胜商量，往皇后大道中九号那边走走，也算度过一个“革命化”的除夕。皇后大道中九号有个钟楼，本来想听听午夜钟声，或者叫新年钟声。结果不知道是它没响，还是我们没有在意，1992年到1993年的这个重要时间节点，悄悄地溜走了。早知道香港有个兰桂坊，知道鬼节的时候那里最热闹，但一直也没有去过。皇后大道中九号距兰桂坊不远，我们决定往前走走。

还没走几步，就见对面匆匆走来些人，个个神色紧张。再走几步，身前身后的警车和救护车已响成一片。远远地见到兰桂坊的街角聚集了很多人，估计那里就是事情的发生地了。又紧走了几步，见到在兰桂坊那条斜斜的小街上，先到的警察已经把路口用塑料带子围了起来。远远望去，街上挤满了骚动不安的人，像一群受惊的蚂蚁。有的人死命向里挤，有的人拼命向外逃，有的人急急地找寻什么似的四下张望，有的人茫然若失地踱步踌躇。停在街口的警车和救护车越来越多，小街的中心像沸腾的水。突然，骚动的人群闪开一条缝，几个救护人员抬着担架，手里提着吊瓶，跌跌撞撞地向救护车跑。片刻，下来的担架越来越多，我们也越来越靠近小街的中心。人们惊慌骚乱，地面杂物狼藉。仔细地看看伤者的脸，有的毫无表情，有的面色青紫，有的口吐白沫。我的第一感觉是邪教自杀。人们一脸茫然，没有人给出答案，没有人知道事件的中心发生了什么。外围的人更是无法施以援手。稍事盘桓，我们就带着疑问回去了。一路上，还听得见警车和救护车响个不停。第二天清晨，报纸解答了我们的疑问。原来是一些善良的人们，为了庆祝新年的到来，在兰桂坊狂欢。新年的时钟一响，人们欢呼雀跃，挂在街上空的圆球突然张开，撒下一些花纸。欢乐的人们忘记了这是一条斜街，是一条坡度很大的窄窄的小街！或许哪个人没有站稳，或许哪个人身子一歪，人挤人的一条街变成了多米诺骨牌，惨剧就此而生。据报导，那天踩死了21个人。于是，对上苍充满崇敬的香港同胞就想出了各种原因来解释这次事件的发生。那些日子，报纸充满了同情、哀戚，也充满了神秘。事情过去好多年了，现在想起来还历历在目。

不在香港工作以后，我才真正地去了兰桂坊，也是为了好好地看一看这条出名的小街。小街在中环，有几十米长，两边全是酒吧。大概是这里生意好做吧，临近的小巷里也有酒吧和卖小吃的摊档。我觉得这里的酒吧最有欧洲的风格，不像湾仔的骆克道。《文汇报》曾经披露骆克道酒吧如何宰客的事情，它有黄色的成分，来的人员也以外国的水兵和欧美的游客居多。据说欧洲风格的酒吧在香港还有赤柱和其他的地方。在欧洲，我见到酒吧最多的地方是西班牙巴塞罗那，其实我也是仅见皮毛罢了。我所说的欧洲风格，无非是酒吧门大敞四开，酒吧里有的明有的暗，有的静静地点上蜡烛，有的有爵士乐队在喧腾。人们有的像情侣在旁若无人地聊天，有的独自一人端着酒杯到处游走，有的成群结队在欢呼鼓噪。生意好的酒吧，喝酒的人可以蔓延到门前的街上。活泼一些的人，还在四处打招呼，把酒杯举向过路的人表示友好和敬意。

在兰桂坊相邻的一条街的街边，还有些大排档，沿房檐用竹竿挑出一个苫布遮阳遮雨，下边摆几张桌子，放几把椅子，就算是营业场地了。大多是卖些牛河和汤面一类，只是这种感觉更近于广东的消夜。所谓兰桂坊，说它是一条布满欧洲风格酒吧的窄小的有着很大坡度的斜街，或者是一个有着异国情调的消闲区域，可能表述给没有去过的人时，概念更准确些。

我没有泡吧的习惯，好像这应该是现代人的素质之一，只可惜我已垂垂老矣。国外没有年龄的概念，国内到酒吧似乎是年轻人的专利。也许那种氛围令人上瘾。也是陪朋友去坐了几次，当作旅游和感受风情的成分更多更大。啤酒不错，沙拉不错，刚烤出来的面包很香。尤其是一定要人声鼎沸，要东走西串，那种熙熙攘攘挤挤轧轧的感觉，是酒吧街的重要组成部分。静吧也有，不过那不是真正的静，而是闹中取静的静，这里的静必须由闹来衬托。

兰桂坊是一种存在，是一种生活方式，是工作节奏太快的人们的调剂所，当然，也不乏其他的消遣之人。兰桂坊已经成为香港重要的旅游景点，是不争的事实。也有报纸说，这里有同志（香港这样称呼同性恋），有毒品交易，或许这些都是伴生的庄稼，是美丽风景不可或缺的组成部分。

我觉得，香港应该有一个兰桂坊，这样，香港的生活就完全了。

（2001-11-3——2015-11-22）

注：1. 赵桂晨，时任香港中国海外集团行政部副总经理。
2. 聂天胜，时任香港中国海外集团行政部高级经理。

鲤鱼门

香港鲤鱼门是个海峡，在维多利亚海峡东部，隔开港岛筲箕湾和九龙油塘。由于是香港岛和九龙距离最近的地方，也就是海峡最狭窄的地方，曾经是香港的防守要塞。我们说的鲤鱼门，指的是吃海鲜的酒楼食肆，60年代后期逐步发展起来。最初那里是坐落在九龙的小渔村，现在有四个自然村。香港人不吃鲤鱼，鲤鱼门不是吃鲤鱼的地方。我记得在北方，淡水鱼里边，鲤鱼最紧俏。在广东，草鱼或者叫皖鱼是座上宾，鲤鱼反而不成气候了。

至于为什么叫鲤鱼门，我没有查到资料。我想，大概有两点。一是香港人相信命运轮回，在他们的眼里，鲤鱼越过了这道门，就成了龙。二是从地形地势看，从维多利亚海峡向东驾船出了鲤鱼门海峡，就是南海，宽广辽阔，心情大好，同样是希望改变命运的人的一种期望。

在香港，吃海鲜的地方不少，有名的地方有香港仔、西贡、流浮山等等。香港仔稍嫌正规。大概鲤鱼门离港岛最近，最具渔村气息，所以生意最好，规模最大，人气也最旺。带客人到鲤鱼门，除了吃海鲜，还有一层意思，就是当做景点看热闹。要是经常来香港的客人，讨个清净，到西贡和流浮山也不错，那里的海鲜更便宜。

鲤鱼门的入口处并不宏伟，有个简单的牌楼。穿过牌楼，是个小小的海湾，叫做三家村避风塘。塘里停泊着很多渔船，看着渔民们洗菜做饭的身影，觉得他们有些人就在船上吃住，不过我没有询问过。鲤鱼门就一条街，按照海岸的走向，弯弯曲曲。两边的酒楼和鱼档，把小街挤得窄窄的。白天有几分冷清。入夜，灯光耀眼，人挨人，人挤人，热闹得很。

常去的叫龙如酒家，其实，我也不知道哪一家更好，只是第一次到的这家，以后也就不想更换了。人有惯性，觉得这家还满意，就不想去冒险尝试别家了。当然，也有人愿意花更多的时间去寻找最佳。我之所以不愿意更换餐馆，觉得同经理、服务人员熟悉，好商量事，也有面子。再者，总觉得香港的大排档，平均水平要远远超出内地的小饭馆。除了环境的考虑，厨艺的差别不大。

买鱼有固定的摊档。我们常去的那家名字我忘了。老板是个男士，出头露面的是老板娘。老板娘很会做人，不但言语答对得当，还要送份海鲜，送个鱼汤，还有水果。当然，那海鲜是最便宜的蛤喇一类的东西。在香港的时候，我每次去，老板娘总是送一份海瓜子，学名叫蚬，用豆豉和辣椒炒，味道很是不错。聂天胜就爱吃这一口，同事们敬送雅号："聂瓜子"。有意思的是，离开香港十几年后，我再到鲤鱼门的时候，正在寻找鱼档，那个老板娘远远地就打了招呼，搞得你不好意思不过去。香港人做生意的精明和专注，可见一斑。

鲤鱼门的收费分成三大块，一块是海鲜，一块是加工费，一块是酒楼的酒水以及其他消费。加工费大概是海鲜的三分之一。买了以后，告诉摊档老板，在哪个酒店就可以了。结算在他们与酒店之间进行，客人只在酒店埋单。大部分时候，他们会风风火火地走到你身边，叫你看看那些海鲜，再告诉你额外送了什么东西。一顿饭下来，能比港岛便宜两三成。

在泰国，当地人比较认可的鱼是笋壳鱼，在香港，顶尖的非苏眉和老鼠斑莫属。

苏眉是世界上最大的珊瑚鱼类，蓝绿色，通体波浪似的花纹，很漂亮。清蒸苏眉是广东菜中的极品。广东人的习惯，头尾要给桌上最尊贵的客人，寓意好头好尾。香港同事告诉我，苏眉鱼鳃上的两块肉，是活肉，好吃美容。再有就是那个厚厚的嘴唇，极富胶质，口感一流。苏眉头的价格比鱼肉还贵。苏眉以一斤左右的为好，太大了，肉就不够细嫩。也有大的苏眉，几十斤，要切开来卖。不过2004年，苏眉被列为濒危保护动物，目前供应的都是养殖的。老鼠斑的样子就有些差，体型不大，头小小的，灰色，身上散布着黑色的斑点，但肉质不输给苏眉。

吃饭的时候，除了海鲜，可以在酒楼点些蔬菜和其他的菜品。龙如有时候先送你一盘皮蛋加腌姜，老板说一定要放在一起一口吃，味道确实独特。我们平时总爱在旁边的小店里买点儿核桃仁，酥脆爽口。很多内地去的同事广东话都很了得，但这个"核桃"的发音，却总是难以掌握。每次到鲤鱼门，总想用鱼汤泡饭。一次，服务员看着我们对鱼汤兴致勃勃的样子，说这汤有的是，就专门到后厨给我们拿了一碗。这时，缺乏烹饪知识的我们才知道，那汤是早就做好浇上去的，而不是蒸出来的。

鲤鱼门的各种海鲜很齐全，经常见到的有澳洲的龙虾、加拿大的象拔蚌、阿拉斯加的帝王蟹，各种鱼类、虾蟹和贝壳类海鲜。一般必点的一道菜叫做椒盐濑尿虾，炸得酥脆，加上辣椒、蒜末等作料翻炒，极可口。挑选的时候，要选母的，膏黄满满的，自是不同。濑尿虾名字很多，北方多叫做皮皮虾，也有叫做爬虾的。不过资料上说，我们这样叫是以讹传讹了，真正的名字应该叫做攋尿虾。它被抓的时候，喷出白色液体，依广东话由此得名。我记忆比较深的，有一种螃蟹叫做黄油蟹，为雌性青蟹。据说，夏季产卵时，水温高，体内的蟹膏分解成油质，呈金黄色，一直渗透到蟹盖、蟹钳和蟹爪等各个部位。由于产地和季节的局限，只有7、8月份才吃得到。

就像韩国人也不是经常吃烤牛肉，香港人其实很节俭。每次部门到鲤鱼门聚会，香港同事都非常齐，兴奋异常。当我们自以为是，对打包嗤之以鼻的时候，他们争着打包已经很坦然了。那个年代，香港有个地方叫天光街，在北角，专门卖便宜货。记得当时我负责香港中国海外集团的接待工作，孙文杰总经理一再交代，你不要领着大领导到天光街和鲤鱼门。我知道他的意思，那里都是平民百姓去的地方，我们不要自己降低身份。如果抛开那些因素，鲤鱼门，包括女人街，倒是旅游和看热闹的好地方。

我说的都是二十多年前的经验了，这两年听说有了变化。人不那么多了，加工费上涨不少。切开来卖的大苏眉鱼也没有了。不过，穿过食肆，有个小灯塔，三五礁石散落岸边。夜幕十分，红红的阳光成为港岛和九龙高楼大厦的背景，拍张风景照，蛮惬意的。

（2001-11-3——2017-9-20）

湾仔的北京菜

本来文章题目叫做《香港的北京菜》，尽管我住了几年，大体清楚，可是更有发言权一些，还是放在自己的居住区——湾仔。

中国的菜系里，粤菜包括潮州菜最卖得出价钱了。淮扬菜和四川菜就差一些。要说便宜，货真价实，那是东北菜。有一次在一家深圳的东北餐馆吃饭，两个人，能吃，要了四个菜。可等菜上来，目瞪口呆，就是一盘肉丝拉皮都要吃饱了。老板在那里闲逛，我随便问了一句，“盘子小点儿不是多赚些钱么？”老板说：“盘小？——那还叫东北菜么？！”在他的眼里，就是少赚钱，也要保持东北菜的风格。

香港号称美食天堂，东西南北中，一应俱全。确实，英国的、法国的、意大利的、墨西哥的、印尼的、越南的、泰国的、日本的，等等，等等。中餐当然是粤菜居多，然后就是上海菜，这可能与新中国成立前后从上海到香港的移民较多有关。再就是北京菜了，也有四川菜、湖南菜，很少，只是点缀。有的人说，香港各种菜品水平要胜过该菜品本土的制作水平。对于西餐和其他国家的饮食，香港人是这样吹的，我不知道。对于中国其他的菜系，我没有发言权。常识说，北京菜是在漫长的历史发展中，囊括各个民族的风味，以鲁菜和宫廷菜为基础衍生出来的。因为兼收并蓄、博采众长，“北京”二字，只是一个由头，不像其他菜系有着非常突出独特的风格。到了香港，看见大街上北京菜的招牌，才感到北京菜竟然还是一个不小的卖点。在北京，我相信没有几个人能说出北京菜的特色，可到了香港，北京菜是否做得地道，一口就吃出个八九不离十。说实话，个别菜品绝对超越，但由于食材和作料问题，总体不那么地道。然而，毕竟是北京菜，毕竟是北京餐馆，毕竟是倦了馋了无所事事的时候，愿意多坐一会儿，愿意多发愣一会儿的去处。

距离公司写字楼最近的北京菜馆有两家，都在骆克道。出了公司写字楼后门向右拐几十米，越秀大厦三层，那是万兴楼。按照香港餐馆的装修水准，中等偏下。两个单间也不像样子，摆上坐10个人的台面，椅背就都靠到后墙上了。万兴楼老板老洪，个子很高，年纪不大，留了一撮山羊胡子。好像是内地移民，因为普通话比一般人要好一些。这年头，特色就是资本，不说他的菜品，就是那种热情洋溢、那种客套，就使人感到像个老北京跑堂的。记得最有特点味道上佳，大家点得最多的几道菜，是芫爆管挺、千里顺风、皮蛋豆腐、素菜大包和韭菜篓。千里顺风其实就是猪耳朵，不过他们卤出来之后，将猪耳朵一层层地摞在汤中晾凉，然后切片，摆成半个馒头大小的方块端上来。汤凝成的冻儿颜色较重，耳朵的脆骨是白色的，由粗到细，层层叠叠，起起伏伏，确实像北方冰天雪地的白毛风。对于韭菜篓更是记忆深刻，好像在其他地方再也没有吃到那样好吃的韭菜篓了。我不知道别的地方的叫法，其实就是白面韭菜包子，韭菜切出一厘米长，比一般做馅的刀工粗一些，馅里边还放一些粉丝、鸡蛋和虾皮等等。最值得称道的是它的火候，咬一口，韭菜碧绿碧绿的，又坚挺又味道十足。人人都知道，韭菜蒸过了，颜色变深，味道全无；蒸时间短了，一股韭菜的生辣味道。遗憾的是没有到后厨问问，人家是怎样把握的。

燕京楼在出写字楼后门向左几十米，要横穿骆克道。临街的门脸，窄窄的。营业面积估计也就百八十平米，和万兴楼一样，是中午满员、晚上相对冷清的那种典型的香港小餐馆。营业员一色的中年以上男子，听口音，南方人居多。燕京楼的香酥羊肉和饺子不错，去的人不少。一般坐下后，餐馆上的开胃小菜是一小盘琥珀花生，一小盘酸甜的辣白菜。而最使我记忆深刻的，倒是那里的一种开胃小菜。花生剥掉皮，放些芹菜、萝卜、胡萝卜，有些淡淡的花椒的味道，不咸，颜色醒目，感觉是暴腌，极爽口，不像那种制作时间很长的泡菜，因为去得多，每次服务员都主动放上一小盘。再想吃的时候不好意思，就向服务员买。服务员说，老板做这道菜是自己吃，不卖，只是来了相识的朋友，送一盘。当然，服务员边说，边又在餐桌上放了一小盘。

美利坚北京餐厅稍远一些，在香港警署旁边，出写字楼后门向左大概要走5分钟。楼面不大，两层的营业区域。这里以接待外国旅游团为主，是外国人的天下。如果不习惯洋人的香水和其他味道，就不要去了。这里的烧饼是一绝，长方形，无馅，软硬适度，刚烤出来的透着油盐和面粉的香味，就是吃饱了饭还能再吃一个。

经常去的北京菜还有松竹楼，位置其实是在跑马地，开车要10分钟。松竹楼老板是个山东人，与单位同事是老乡。我们总是悄悄地进去悄悄地离开，以免人家太热情。同事说，老乡总想请客，机会一直没找到。这里最有特色最想吃的，竟然是涮羊肉。那涮羊肉绝对不正宗，澳洲的羊肉，用的花生酱，有些韭菜花和酱豆腐，其他的作料也不很齐全。老板说，他们的涮羊肉是全香港最地道的。这使我想起了阮籍的一句话："时无英雄，使竖子成名。"想吃这一口了，怎么办？

20几年过去了，由于与内地的频繁接触，相互影响，香港的餐馆和饮食风格变化很大。记得刚刚到香港的时候，我们为了送一个返回内地的同事，在松竹楼吃饭。那时香港的餐馆没有白酒，如果你点白酒，服务员会拿来白葡萄酒酒单。我们3个人，带了一瓶白酒，酒瓶放在桌子上，惹得周边的顾客频频扫视。据说现在不同了，你就是要个牛二，服务员不但懂，还会马上拿来。

（2001-3——2015-12-28）

第一次非洲西餐

80年代，国门初开，像我们这种有机会接触外宾，又毫无外事经验和知识可谈的人，就闹出了很多笑话。记得当时中建总公司与日本大成公司合作，大成理事长里见太男送给中建张恩树总经理一盒点心，张总随手给了秘书处。值班室、机要室和一帮秘书们打开盒子，点心精细漂亮，旁边放着一个设计精美的小纸袋。有人说，看看人家的点心，还有作料。于是我们把小袋子打开，将那些白色的小粉末撒在点心上，吃了起来。粉末软软的，没有什么味道。正好一位日语翻译经过，大惊失色，说那是防腐剂，不能吃，好在没有毒。

1987年，我第一次出国。第一站是埃塞俄比亚。当时是转机，住了一晚上，吃了晚、早和午三顿饭。当时国内人们接触外界的机会很少。一是异国情调，二是少见多怪，因为我们团组的成员都是第一次出国，吃饭时就闹出了笑话。

那次住在机场的周转酒店，虽然在亚的斯亚贝巴市内，按现在的标准，估计也就二星级。酒店的大堂也就是十几平米的样子，很简陋。

放下行李，我们就去吃饭。餐厅在一楼，透过开着的门向里边望去，黑黢黢，静静的，没有一个人。正好有个黑人的服务员走到门口，我蹦出一个英文单词“OPEN?”当时我们的组里没有翻译，我的英语单词是掌握得最多的，也就义不容辞、捉襟见肘地承担了“翻译”的责任。黑人服务员做了一个请进的手势。我回头看看大家，露出得意的神色。那意思是，“怎么样，说得明白吧。”可当我见到团友们那种崇拜的表情时，觉得再表现就有些过了。感谢那位黑人服务员没有询问我几个人、坐哪里一类的问题。

餐厅装饰简陋，当地特色非常浓郁。比起我们出机场时候几十个黑孩子追着我们擦皮鞋，这里要安静舒适多了。或许我们来得太早，等了很长时间。

那时候还不是自助餐，服务员也不问你吃什么，随手放下一小筐面包，一句话也没说，转身离开了。我们想，非洲太穷，或许老百姓连面包都吃不上。几个人边抱怨，边匆匆地吃了面包。广西建委副主任马玉珏当时是团长，他说，趁着服务员没有再来，咱们赶紧走，不然要付小费。那个时候初出国门，确实不知道怎么付小费，付多少小费，况且我们也都手头拮据。大家都认为这是个非常好的建议，三下五除二，来了个胜利大逃亡。晚上散步，遇到几个同机的乘客打招呼。我们说埃塞俄比亚太抠了，光给面包。结果人家说，后边还有主菜。

第二天早上，我们都说多坐会儿，不能吃不饱啊。结果面包煎蛋都吃到了，心满意足，匆匆离开。旅馆很小，又碰到那几个同机的乘客。人家询问，这次吃饱了吧？我们得意地告诉他们，吃得很好。不过如果给点儿稀的，不那么干着咽下去就更好了。对方睁大眼睛地询问，你们没有吃到水果，喝到咖啡吗？我们只好说还有点儿事，出来得急。或许人家笑我们土，或许人家早就知道我们那点儿小心思。

中午饭。我们一致的意见，豁出去了，不管小费和其他，总要吃一顿完整的饭。心静下来，饭菜的味道也不同了，大家吃得聊得很舒服。服务员来收拾餐具很友好，淳朴的笑容，麻利的动作，丝毫没有等待和索要小费的意思。在机场候机厅，同机的乘客笑着说，我们是转机，食宿全包，那些非洲西餐也很便宜，不用给小费。

几十年了，我一直记得这件小事。国家的变化天翻地覆，外界的变化地覆天翻。多走走，多看看，多了解一些大千世界，生活也会更美妙，更顺畅。

（2001-7-30——2017-8-18）

榴莲的故事

郁达夫在《南洋游记》中写道“榴莲有如臭奶酪与洋葱混合的臭气，又有类似松节油的香味，真是又臭又香又好吃”。据说，台湾作家林清玄也说过，榴莲是奶酪加大便的味道。这定义，爱吃的不赞成，不爱吃的用它来嘲笑爱吃的。我倒理解林先生，他不是一点忍受不了，就是酷爱，爱得只能用极端的味道来形容。

据说，明朝的郑和下南洋时，有一次在某个岛上发现了一种水果，味道怪异，可是士兵吃了以后，人人欢喜异常，乐不思蜀。于是，就取“留连忘返”的意思，给这种水果起了个名字叫“留连”。榴莲是后来的植物学家取其谐音，赏给它的一个大名。此说仅仅聊备一格，毕竟榴莲的主要产地是东南亚国家。我们叫它榴莲之前，它的名称是怎样发音的，我不知道。或许我们是按照人家的发音Durian音译过来，不过这个翻译是一流的。

榴莲原产地在马来西亚，亦有说东印度。现在产量最高的是泰国、马来西亚和印尼。它大约有近200个品种，泰国的“金枕头”较为普及，最为出名。近些年来，新马泰旅游发展得快，马来西亚的“苏丹王”、“D24”、“猫山王”等渐为人知。据说，通过冷冻运输，马来西亚的有些品种，已经在国内可以见到。

我想不起来第一次吃榴莲是谁叫我上的当，好像没有什么太深的记忆。因为我有个习惯，不管到了哪里，只要是当地的风味，总想尝尝。尽管习惯不了，也想逐步适应。比如鱼腥草或叫折耳根，大概“忍耐”十多年了，才刚刚可以接受。我第三次吃榴莲才觉得好吃。在此之后，如果有人问我，喜欢吃什么水果。我就会说，没有什么喜欢的，夏天觉得西瓜解渴，但是要说上瘾，那就是榴莲了。这是唯一让我想得起来吃的水果。

90年代初期，我在香港工作。女儿来香港探亲两次，受我的“熏陶”，对榴莲的感觉，一次便成最爱。痴迷程度，决不在我之下。我记得，女儿从小学到中学，我最喜欢的一篇作文就是她写的榴莲，虽然老师那时也不知道榴莲是什么，可是对于女儿的文章给予了充分的肯定，那篇作文得到了很好的分数。那时，我从香港回北京探亲，问女儿要带些什么，女儿总是毫不犹豫地说，带点榴莲吧。

有一次，恰好办公厅杨景妹、袁向萍和关雅琴组成的总公司保密工作组来港公干，就请景妹帮我带回一个。谁知道，天意不如人意。正赶上北京大雾，飞机降落不了，转飞洛阳，再停天津，折腾了几天才回到北京。那时北方人对榴莲不很熟悉，我们的航空管理也没有针对榴莲的制度，加上景妹又是个尽心尽力负责到底的实诚人，结果一路上发生了不少令人啼笑皆非的故事。几次转机，榴莲已经熟透。本来榴莲的味道就穿透力极强，这下子，包装已经完全损坏的榴莲更大显神威。不知道的乘客要乘务员解释是什么味道，知道的抗议榴莲竟然带上了飞机。乘务员在乘客的要求下请景妹将榴莲送下飞机。景妹说，这是人家托带的，不可以随便丢下。就这样，一直带回北京。袁向萍为此有一封详细描述这一过五关斩六将的辉煌旅程的信件。也是可惜，那封信借给其他同事阅读后没有还给我。直到现在，我还有几分歉意，景妹顶住那么沉重的心理压力，经过千辛万苦的辗转腾挪，完成朋友委托的任务（那时我在驻外机构，他们才是总部领导），至诚至善，令人肃然起敬。

在香港，榴莲是普通水果，很便宜。记得当时淡季好像13、14港币1磅，应季的时候，7、8港币，有时候还便宜。北京原来没有，后来燕莎商城有了，大约是70、80人民币一斤。那是商业区，估计是给外国人预备的，不是老百姓的食品。现在一般的超级市场都有了，而且价格也下降了很多。

北方人渐渐知道什么是榴莲的时候，飞机对随身携带榴莲的管理也就逐渐严格了起来。当时，专门找安检人多的那会儿，偶尔还能瞒天过海，乱中取胜。再后，就是到机场打开榴莲，将果肉迅速装上塑料袋封严的盒子，在味道还没有出来之前就过了安检。当然，也有朋友找朋友带上飞机的情况。不过我说的都是管理规定不细不严的时候，南方城市的航空安检对此也没有如临大敌。后来，越来越不好带了，就买些榴莲干、榴莲膏、榴莲糖，也起到了过瘾的作用。记得第一次在北京的顺峰酒店见到榴莲酥，真是充满了惊喜。这些年，经济、社会发展太快，南北方的食品和生活习惯渐渐交融，一是不用带了，二是不去自寻尴尬，三是规定明确就不触碰了。

90年代后期，我已经回到北京工作。有一次到山东开会，也来开会的深圳朋友知道我爱吃榴莲，就带了几个三斤左右的榴莲。会后，我又在山东转了一圈。当时的一个司机为我们开车。一上车，他就喊，什么味呀，这么臭！我向他解释了这是榴莲。碍于面子，他没有再说什么，可是从他的言谈话语之间，可以知道，他是百分之二百地接受不了榴莲的味道。奇迹出现在第三天，就在分别的一刻，他操着典型的山东话说："这个榴莲，开始有些难闻，可是现在觉得那味道真的很好，叫人上瘾"。我当时就说，给你一个吧。他高兴极了。他说，我妈妈就要过生日了，我给我妈吃去。有人喜欢了，或者说又发展了一个对象，很高兴。当时旁边的一个同事对我说，他真的吃上了瘾，上哪儿去买呀，你不是害人吗。直到今天，我还不知道他是不是我的又一个受害者。记得回到北京，直接到了办公室。榴莲放在办公室怕影响办公，只好临时想了个馊主意，放在办公室的窗外，然后将窗子关上。当时没有觉得什么，可是过后，听楼上的人说，昨天不知道怎么回事，总是有一种怪味道，大家还为此争论了起来。

有的说是臭鸡蛋的味道，有的说是掏大粪的味道，有的说是臭豆腐的味道。我只是笑了笑，过了很久，我才主动地揭开谜底。

在东南亚很多国家，榴莲是流行的水果，也因此对它做出了很多规定。比如酒店不准榴莲和山竹进入，规定明确贴在墙上。因为榴莲的味道实在太蹿，且穿透力极强，喜欢的叹为观止，不喜欢的难以接受。即使我们喜欢，也觉得酒店的规定是对的，不能侵犯公众的利益。榴莲有水果之王的称谓，山竹有水果之后的称谓。据说，榴莲大热，山竹温凉，要配合着吃。而山竹的果壳打开时会流出一些红色的汁水，染到床单和其他东西上，难以洗掉，酒店也就一并禁绝了。在泰国和新加坡等国家逗留，有些公司老板为了显示尊重客户，会热情地请你在他的办公室吃榴莲，那是一种待遇。记得当年陪同马挺贵总经理在外，经常碰到这种情况。

到底是哪里的榴莲好，盛产的国家也有争执。在马来西亚，小商小贩的评价是，我们的榴莲好过泰国。他们知道我们的下一站是泰国，就劝慰地说，“多吃一些吧，泰国的榴莲没有马来西亚的好。”虽然吃过一些榴莲，毕竟见得少。以我们的经历，很难为这种争执做出公断。而且榴莲的品种很多，瞎子摸象的事情是做不得的。尽管我一直希望品尝出它们的不同之处，可还是觉得差不多。香港的品种大概以泰国的金枕头为主，所以，我还是有些偏向。金枕头个大，肉厚，相对来说，果核小些，有的果核几乎没有了。咬一口，是一口，浓郁的香气几乎叫人透不过气来。吃得过瘾。或许有一天，我有时间仔细地品尝一下马来西亚的苏丹王、猫山王等等，也好为它们做些义务宣传。

在香港时，一位交往多年的新加坡朋友听说我也爱吃榴莲，好像突然发现了我，兴奋得很，眼睛放出的光几乎要灼伤人。由此我想到，在食品当中，或者在水果当中，能

够起到沟通有无、拓展兴趣和增进友谊的，像喝酒有酒友一样，也就是榴莲了。那时，在我的带动下，有不少的朋友喜欢吃榴莲。当然也有例外，榴莲真是叫人爱憎分明。对于没有把他们带上这条正路，不识人间珍馐，我至今觉得惭愧。也是在香港，那时我已经喜欢吃榴莲了，朋友来了，自然用最好的东西招待。可是刚吃不久，没有经验，买了个还没有熟的榴莲。我们几乎全部都对它刀斧伺候了，把个榴莲砍的遍体鳞伤，好不容易才打开。第一口自然是朋友吃。吃过后，有的什么也没有说，有的小心翼翼地说，这就是你上瘾的榴莲么。等到自己尝了一口，才大惊失色。原来榴莲没有熟的时候，既白且脆，毫无味道。从这以后，才知道，买榴莲的时候，要闻一闻，最好稍稍有些小的裂口，证明已经熟透了。熟透的榴莲很好打开，拿刀顺着它的每一瓣的分界，轻轻一掰，就开了。有时候没有刀，只要是熟透了的，轻轻一摔，它就自然地开了。刚才说了，要是碰上生的，就放弃了吧，一是打开太难了，二是那就是另一种植物，连吃生黄瓜都不如。顺便说一句，相信水果摊主也可以，因为有时绿绿的榴莲皮，并不说明它没有熟。买了后，当时要摊主打开，一是保证熟，二是省却了自己打开的麻烦。至于榴莲植物上的概念和药用价值，它的颜色、形状一类，我就不多说了。如今网络发达，点开即是。

有时也总问自己，时间都去哪了？等将来时间充裕，找到查到袁向萍的那封信和女儿的那篇作文，我就不用劳神来叙述了。因为，对于当时的情景、心境的表述和从一个孩子的角度理解描摹的水果，会更真实、更生动。

（2001-3——2015-8-17）

2C

前几天，凤凰知音来通知，说我已经成为白金卡会员。我点开网站，知道自己还剩下几万公里，就成为终身白金卡会员了。我这一辈子，没在业务一线，不像那些扛指标的同事，尤其是负责国外业务的同事，几个航空公司都坐成了白金卡。不过，这也给我一个安慰，其他的事情一事无成，退休这一年，得到终身白金卡，算个“成就”。

我记不得从什么时候开始，大概十几年了，只要坐飞机，座位肯定是2C。最初的考虑是怕麻烦人，因为行程短还好，行程长一些，你坐在靠窗位置，如果出去活动一下，肯定要打扰旁边休息的乘客。在C的位置上，靠过道，来去方便。一来二去，也就在这个位置上固定了下来。

现在想起来，这种选择，大概与性格、习惯和做人的风格有关系。喜欢抛头露面的人，总是愿意在显要的位置。绝大部分影视明星或者那些在电视上混得脸熟的名人，都是安静地坐在一边，有的甚至还做些伪装。除了空中小姐，那个狭小空间的乘客同他们搭讪的并不多，大家都喜欢相安无事。极个别的也碰见过，明明已经坐下，还要站起来环顾四周，然后大声地对空中小姐提出什么要求，大概都是茶水、报纸和毛毯一类马上就会分发的东西。

2C座位的第一个好处是不扰人。一般的飞机，2C后边就是与经济舱的隔板，座椅靠背调直放下，不会打扰任何人。有时距离隔板太近，后仰的角度不如前排的大，利弊取舍，倒也无妨。当然，有时候也会碰到3排座位或其他机舱设计的，2C在中间，稍有不便。不过习惯带来的舒适，还是能克服偶然的变化。

2C座位的第二个好处是静以自处。好像第一排座位总有些重要乘客，气场十足，辐射周边。主动坐在后排，没有外在的压力，不仅仅看些书报杂志方便，也会避开那些扫视的目光。乘客太重要，不会有在旁边的机会。碰到半重要半不重要的乘客，可能大后排都有来打招呼的，少了不必要的烦扰。

2C座位的第三个好处是照顾习惯。这也是一种享受。就像平常在食堂吃饭的座位，习惯了，总是奔一个地方，换个地方，饭菜的味道都有些不同了。习惯，我理解，就是对行为的优点与缺点的同时接受。感受到不打扰人和适宜的空间，同时也对可能发生的不便有充足的思想准备。

2C确实有些不方便的地方。碰到爱活动的乘客，要经常起身避让。碰到不太懂事的乘客，或者新来的航空小姐，送餐的时候，那些汤汤水水都会在你的饭菜上边飞过。休息的时候，2排乘客就会感受到来自前排椅背的压力。而且靠窗的位置，仅仅一边有人，似乎比C更有安全感。

最近看了些孔子的东西，觉得2C真是个好位置。只要对它的不便看得淡一些，坐的时间长了，会感受和领悟那些“温良恭俭让”的传统文化，也是一种心灵的享受和素质的历练。

（2015-9-29）

圆满

前段时间，满耳朵都是“圆满”这个词。我知道话里边安慰的成分更大一些，因为我刚刚退休。对于圆满，每个人有不同的理解。本来想写篇文章，但转念一想，天下哪里有圆满的事情，也就放下了。后来，经不起几件小事的刺激，还是想记录在案，以示圆满。

第一件事，凤凰知音卡。2015年9月得到凤凰知音卡通知，说我成为白金卡会员了。其实，从9月开始，我就在料理退休事宜，等待某一天免职文件宣布。我没有做任何日程设计，因为不知道什么时候文件到来。结果12月12日出差厦门回京时，得到凤凰知音卡通知，说我已经成为终身白金卡会员。12月14日，免职文件宣布。冥冥中好像一种极端的巧合，这辈子职业生涯的最后一个航班，在100万公里的漫漫旅程中，仅仅以0.2公里的微弱优势，冲破终身白金卡里程数的终点线。

第二件事，西服。宣布退休了，那些西服就准备收拾一下打包了，因为没有必要再穿。由于公司忙不开，派我以退休之身代公司领导参加国外的一个工程开工仪式。使馆有要求，必须西服。挑了我最喜欢的那套西服，想叫它荣耀之后退役。吉布提，终年干旱少雨。开工当日，员工列队，选工地平整处，搭台结彩，等待贵宾。少顷，让所有人掉眼镜的事情发生了。乌云上涌，阵风袭过，豆大的雨点儿前后足足有10分钟。前三分钟就在暴雨里，中间三分钟有人送了把挡不住雨的伞。我对在一把伞下的高大雄伟的八局校荣春总经理说，带它出来本来是光荣退役的，哪里知道是寿终正寝。后几分钟穿过泥泞到工具房里歇息片刻，对于满是泥水的西服来说，已经没有意义了。

第三件事，后背的粉瘤。我背上有个粉瘤，开始绿豆大，后来慢慢地长起来，像个栗子。有一次到医院检查身体，外科主任对我说，不磕不碰没关系，也不涉及美观问题。如果开刀切掉，要耽误不少时间。他知道我忙，也知道体贴的话能够打动我。遵医嘱，大概七八年过去了，相安无事。2015年，60岁，农历乙未年，本命年。超忙。4月，粉瘤感染，在海军医院住院治疗，膏药拔脓排脓，盘桓半月余。11月，再次感染，在305医院住院治疗。由于炎症很重，外科主任不打麻药，直接操刀，疼痛难忍。第二天换药，剧痛甚于上日，我戏称人生体验。主任说，是我党的好干部，一声不吭，能忍。现在，就在写这篇短文的时间段，粉瘤又感染了。2016年，仍是农历乙未年，1月12日，海军医院。外科主任给我选择：膏药，慢，住院；开刀，快，疼，打麻药，仍疼。我选择了后者。到底是解放军，表达感慨的词汇竟然都是一样的，或许他们是熟悉的朋友，我没问。好像粉瘤知道这个重要时间节点似的，一波涌过一波，来共享退休盛举。

还有几件小事，就不值一提了。虽然公司没有给出腾退办公室的最后通牒，我还是想早一些收拾妥当，早点儿转换，早点儿托生，早点儿过另外一种生活。这时，休息室连续使用了10多年的电视，突然坏了。办公室墙上挂的好像永动机似的时钟，停了下来。小小的巧合，使我想到了圆满。其实圆满并不是没有瑕疵，而具有瑕疵的圆满更为真实真切。就像有时候旅游，一件突发的糗事，可能让我们说上多少年。那个时候越是惊险刺激，越是艰难困苦，后来的描述越是眉飞色舞，越是活灵活现。一帆风顺是我们追求的旅程，然而由于有时候人生太顺利了，我们才向往到最困难的地方去锻炼，增长勇气、见识和才干。或许那些在国外产生的我们逐渐引入的惊险刺激的项目，都是由于这个原因发展出来的。

60岁是本命年，一般的本命年都不很顺利，好像这是中国人对命运的共识。我想，路是这样展开的，走到哪里都对。在颠簸与平坦之间前行，就是圆满的含义。那种所谓的圆满，或许世界上根本就不存在。

（2016-1-9——2016-3-27）

我们的书画家、篆刻家

——访西北设计院退休职工张范九同志

1985年秋，我访问了中国建筑西北设计院退休职工张范九同志。

张老家在离西安火车站不远的尚德路。两个房间，墙上满是字画，有张老自己创作的，也有中外朋友送的。外屋北墙上，挂着他与著名京昆艺术大师俞振飞先生的合影。他告诉我，俞老先生是京昆艺术界有名的书画家，在国画艺术上与他同出一门。张老的祖籍苏州是个文人荟萃之地。11岁时，他受祖父苏州诗词家张蛰公的影响和熏陶，开始钻研篆刻，后拜篆刻大师吴昌硕的学生、苏州著名金石家周梅谷先生为师，习刻三年。与此同时，拜虞山老书法家肖退闇先生为师，学习书法。其后不久，又拜吴江老画师顾墨畦先生为师，学习国画山水。顾墨畦先生是著名书画家陆廉夫的高足，而俞振飞先生也是陆廉飞先生的入室弟子，论下来，俞振飞先生还是他的师叔呢！一席话，使我对张老又产生了几分敬意，这倒不是因为对近代名家或所谓学有渊源的盲目崇拜，而是因为在我们过去的接触中，他从不把这些当作“资本”来炫耀。

五十年来，张老完全以业余时间苦学苦钻、寒暑不辍，艺事为之大进，成为书法、绘画、篆刻均有所长的多面手。张老现为中国书法家协会会员、中国书法家协会陕西分会理事、西安墨林书法研究会副会长、中国美术家协会陕西分会会员、西安终南印社理事、西安华山书画研究社顾问、西安骊山书画研究会顾问等。

张老现在每天坚持书法、绘画、篆刻创作，有时也帮助几家书画商店鉴定书画，为外宾当场作书或刻印。日本朋友对张老的书法十分喜爱，先后传入日本的大约有一百余幅了。张老善写小篆（旁及隶书、行、草），圆润秀逸，深得其师神髓。张老的篆刻早年从师吴派传人，但并不拘泥一家，他临摹秦汉、兼习皖浙，对明代文彭、何震亦素有研究，形成了他功力深厚，工稳见长，以汉白、圆朱为主的艺术特色。近年来，张老的篆刻作品在《光明日报》《陕西日报》《中国青年报》《上海书法》杂志等几十种报刊上发表了上百方。在省、市、地文化馆以及美协、书协系统举办的各种展览会上展出几十次。书法作品还在日本、联邦德国、芬兰等国展出。篆刻作品“大地回春”，被选送参加第一届全国书法篆刻展览并被收入作品集。1984年，在中建总公司首届职工书法美术摄影展览上，张老选送了书法、美术、篆刻八幅作品，其中《篆刻二十四方》，刀法细腻，结构匀整，雍容典雅，获一等奖。在其后的全国首届建筑职工书法美术摄影展览上，张老的书法作品又获二等奖。

张老对书法篆刻从历史渊源、风格流派到运笔执刀、选石择纸，有着精到的见解。他前后写了四、五种书法篆刻讲义，从理论到实践，条分缕析、深入浅出，得到学生的好评。当我问及张老今后的打算时，他严肃地说：“要创新。以后要在传统的基础上，大胆地突破，追求新的风格。”多少年前，一位诗人曾在这片土地上吟诵过“夕阳无限好，只是近黄昏”的诗句，而在张老身上，我看到的却是一种朝气勃勃的力量，好像这种力量刚刚释放出来，不久的将来，就会燃成熊熊的创造之火一样。

走出张老的家，我想，建筑的物质材料是钢铁、是木材、是砖瓦灰砂石，那些沉重粗糙的材料似乎也由此感染到每一个职工。让人们来看一看我们的艺术家吧，让人们来看一看我们的艺术作品吧，我们用自己的双手创造了一座又一座高楼大厦，我们同样也要用自己的双手为人民创造出一座又一座艺术殿堂。

注：此文发表于1986年第5期《建筑》杂志

张老的回忆

明天就是耳顺之年。有意思的是，脑子里没有来日的情景，往事倒潮水般涌来。说毕业就开始忙工作，挤不出时间写东西，确实有些托词。忙碌之外，毕竟还发展了那么多的爱好。说是喜欢写点儿东西，总是叶公好龙。或许我自己总挂在嘴边上的“退休之后再写点儿东西”的话，误导了我一辈子的愿望，难说。

毕业4年多，1986年了，终于憋出来一篇文章——《我们的书画家、篆刻家》。那是因为在总公司举办书法绘画摄影展览时，中国建筑西北设计院的张范九同志帮了很大的忙。我是组织者，对张老心存感激，总想表达。现在想起来，从那篇文章之后，“无可救药”的我竟然将近10年没有写东西。再次提起笔，也就到了《最舍不得你们的人——是我》的年代。那次也是约稿，也是情结，也是有感而发。到现在我还感谢那次被写作，虽然写得不好，毕竟还能写出来。从此，三天打鱼两天晒网地走到了今天。

如此说来，《我们的书画家、篆刻家》算是我第一篇工作之外的文章。当时战战兢兢地写了不少日子，总是提笔忘词，磕磕绊绊。《建筑》杂志的编辑做了很大的修改，文章简洁通顺多了。找这篇文章的时候，见到了原稿。我感觉当时的一些描写对了解张老还是有用的，发表时的删节，主要是编辑给了两页篇幅，要将文字放在一页，张老的书画印图片放在一页。删节抄录如下：

“我们是1984年在组织中国建筑工程总公司首届职工书法美术摄影展时结识的。张老个子不高，略胖，柔和的吴侬软语带着浓重的北方音调。他总是笑呵呵的，拿着一把折扇（那扇面是他自己写的），一副和蔼可亲的长者风度。每当我询问某幅作品的优劣时，他总是先指出这幅作品的长处，哪里别有特色，哪里可资借鉴，然后再点出值得商榷的地方。那时，他还在西北设计院行政室工作，就要退休了。我此次登门，便是想看看张老一年来的艺术创作和退休生活”。

对张老的家里，删去的部分是这样说的：“其间杂陈着奖状、照片，还有琵琶、三弦等乐器。毫无疑问，房间的主人是一位通书画、善琴棋的学子。张老于书画篆刻之外，擅长评弹和京剧，他少年时代便从叔祖父学习评弹，在苏州、上海和西安曾多次登台演出，并发表过多篇有关评弹的介绍和评论文章”。

“我们在闲谈之间，张老这里门庭若市，有索求墨宝的，有请教艺事的。张老告诉我，他曾任陕西省业余书法学校教师，西安市新城区工农教育委员主办的艺术培训学校的书法、绘画、篆刻教师，家庭学生也有20到30人。对张老的热心公益事业，我十分钦佩，就像看到了张老几十年在建筑业那‘安得广厦千万间，大庇天下寒士俱欢颜’的胸怀一样。张老现在又开始把他的艺术无私地奉献给社会。在满墙的字画中，我发现了两张小小的奖状。一张是市少年宫赠的，张老参加了少年宫建设书画义卖展；一张是陕西省第一劳改管教支队赠的，称为他们送去温暖与艺术的张老为‘良师益友’。张老并未躲进艺术之宫。”

还有些删掉的零星段落和句子对了解张老作用不大，就不引用了。其实，当时的文字有些僵硬，也正因此，有些脸红。当然，现在的文字仍然生疏，我没有权利“悔其少作”。

那次到西北院出差，我专门抽出一个晚上，应邀到张老家做客。张老很兴奋，一定要留我吃饭。盛情难却，我劝他不要刻意地做什么。他坚持说无鱼不宴，还要亲自下厨。张老是苏州人，原在上海华东设计院工作，1952年支援西北建设调到西安。大概是家乡情结，他的书法总是落款“吴门张范九”。

1991年我到香港工作，后来担任西北设计院院长的樊宏康当时也在中国海外集团的基础设施公司工作。张老托樊宏康院长带来字画，希望帮助他宣传。结果路上不小心，被水浸湿了。张老专门到深圳来取回画作。我找了个东北餐馆，粗茶淡饭，相谈甚欢。只是展开他那水迹浸淫的作品时，脸上露出痛楚的表情，嘴上不停地说：“怎么会哪？怎么会哪？”当然，我后来还是通过其他方式做了补偿。一件有趣的小事是，我在一家东北菜馆请他吃饭，点了一盘东北拉皮，服务员将佐料碗放在旁边，问是否要倒进菜里。还没等我们说话，张老就说不用了，不用了，沾着吃。大家都是朋友，不用碍着面子，同桌陪同的朋友说再来一盘。结果等到菜端上来了，张老说好吃，就这样吃，佐料碗又放在了一边。看着他像写字作画一样认真地吃饭，我们都为他高兴。

那次展览活动搞得很成功。还记得当时为了节约经费，一应事项由总公司系统内的同事承担。从六局借调了中国书法家协会会员谢学坚谢老，从西北院借调了张老，从四局六公司借调了张灯同志。全部展览没花几个钱，都是自己的劳动。张老请了他的一位精于装裱的老哥们，不但自己做浆糊，托、裁、镶、覆、装各道工序，全部独立完成。展出期间，除了几位老同志在那里坚守之外，总公司办公厅值班室和打字室的同事们也都参与其中，展出效果非常好。

记得这次展览发现了总公司一批书画高手，除了中国书法家协会会员张老、谢老，还有西南设计院的屠古虹，一局的段功德、王铁牛，七局的申祖明、高作龙，擅长摄影的东北设计院韩奉玖等等。他们都是各地艺术团体的会员，在当地都具有相当的影响。那次活动播撒了总公司艺术的种子，很多人至今还活跃在艺术的舞台上。

张老2011年在西安病逝，享年89岁。我想，恬淡不争，醉心于艺术，醉心于公益，大概是张老长寿的主因吧。

谨以此文纪念我们30年的友谊。

（2015-3-11——2015-3-24）

安贫煮字情如酒

在我快退休那两年，王萍同志代表监察局搜集我工作之外的文章，想为我编辑一本纪念集，那的确是一件费时费力的事。本来她说给我一个惊喜，一直没有告诉我她做的事情。在几乎大业完成的时候，她直接找到我，询问是否还有尘封的文字。我找了很久，才想起还有一篇写于1986年的《我们的书画家、篆刻家》。那篇文章是写西北院张范九先生的。重读之后，觉得还有些话要说，也就随手写了《张老的回忆》。然而谈到张老，谢老是怎么也绕不开的。当时文章开了头，由于工作忙，就放在一边了。

谢老名谢学坚，书法创作署名谢雍。我和谢老认识30多年了，有联系，不很多。在我的朋友中，可以用君子之交淡如水来形容的，那是谢老。30多年里，除了最初的办展览期间，我们见面大概不超过10次。

那是1984年，举办中国建筑工程总公司第一届书法绘画美术摄影展览。我当时在秘书处，代表总公司总揽其事。由于经费有限，一应工作人员包括展览筹备，均由系统内抽调。当时借了三个人，西北建筑设计研究院张范九、六局装饰公司谢学坚和四局六公司张灯。张灯同志是个工会全才，文质彬彬，话语不多，展览结束后联系就少了。张老和谢老均为中国书法家协会会员，名声在外。整个展览，他们两位就是“艺术总监”和“执行经理”。谢老是装饰公司的经理，在六局众多企业里，公司当时的经营和效益名列前茅。

谢老中等个，平头，面部线条刚劲清晰，久经风霜的样子，笑起来却透着一种谦和。每次我叫他谢老，他总是连声纠正：“老谢，老谢！”。连我自己都不知道什么时候改口的，因为最初见到他的时候，怎么和“老”也连不上，或许就是一种发自内心的尊重。如果你向别人介绍他是书法家的时候，他马上就说“写字匠，写字匠”。诚恳自然，毫无矫饰。当时我们仅仅知道他是中国书法家协会会员，并不知道他的作品已经多次参加全国展览。谢老家哥四个，诗书画印，各有成就。而且这种家学，又传递到了晚辈，整个家族在天津书画界颇有影响，他却从来不炫耀那些辉煌。他浑身的劲都在练内功，这些年来，他从来没有找我做过什么。

我觉得我们互相之间，在每个人的心里都很重。展览结束之后，我专门到天津看过他。我在香港工作期间，他也到过深圳。记得那个时候我忽然对“得天”和“微斯人”两句话很感兴趣，请求谢老为我写出来。谢老极为认真，反复思考研究字体的结构和布局，写了很多很久才挑出他认为满意的，真是难为他。期间，我们亦有诗歌唱和，其乐融融。谢老书法每次结集，都寄送给我，或者托人带给我。2013年10月26日，谢老80书法回顾展，他给我发了请帖，虽然当时很忙，我还是抽时间专程到了天津。需要说明的是，谢老夫人身体不适，他多年忙里忙外，伉俪和谐。

对于谢老的钻研精神，我佩服之至。他没有高的学历，没有比别人多的时间，然而他读很多的书，他写诗作文，充实自己。读到谢老七律《墨疗自遣》：“管侯纵横复苍黄，暮对桑榆五色章。编梦烂柯君莫笑，逆波捞月笔未荒。安贫煮字情如酒，嗜古折钗砚作觞。虫艺权当遣魂药，闭门漫拟墨疗方”，很难想象谢老是从内蒙古、十堰走出来的一个工人成长起来的干部。谢老的装饰公司，本身就是一个艺术群体，记得当时的陆慕天，尹希森等等年轻人，油画、木刻，各钻一项，互相交流，互相促进。每次见面，他总是告诉我，在临什么帖，考虑什么风格，等等。谢老自幼习字，博采众长，形成了独特的风格。有些秦篆，有些汉隶，有些魏碑，如虬枝老树，刚劲古朴。30年的时间，我能清晰地看到谢老书法的发展轨迹。就像看到大师的建筑作品一样，局部的精细和整体的冲击力，叫人越琢磨越有味道。

记得当初他参加总公司展览的主要作品是《幽兰》，可就这幽兰两个字，他写了多年，每次均出新意。除了书法，他对刻字也下了很大的工夫，甚至影响力超过了他的书法。每次联络，他不说他的作品参加了什么展览，得了什么奖，又担任了书法界的什么职务。他总是告诉我，最近将字刻写在木头上了，收到什么效果。叫你惊奇的是，过段时间他还会告诉你，刻写在瓦片上了，刻写在石头上了，刻写在树叶上了。真不知道某一天，他会将字刻在什么地方。然而，这真不是儿戏，他将字体、色彩、刀工和材质，结合的自然贴切，浑然一体，的确是叫人爱不释手的艺术品。除了书法，我非常喜爱谢老那些字画结合的小品，意境深邃，引人遐想。就像看了贾平凹和舒乙的作家画作，结构和意境总是给你一些震撼。不过要说功力，谢老可远远在他们之上了。

谢老一辈子践行他的闭门墨疗，宽容厚道，不愿意走动市场和官场。当时的装饰公司，如果不是临危受命，他还是愿意沉浸在他喜爱的书法中。有一次我陪总公司党组郭涛书记到六局出差，因为时间紧不能去看谢老。我对郭书记说，六局有一位书法家，在总公司书法界是头把交椅，您欣赏欣赏。谢老来了，说，要不是你来，我才不出席这种活动。进入新世纪之后，有段时间我分工不管企业文化了。有一次也是搞展览，把谢老请来帮忙，前后几个月，跑前跑后，毫无怨言。其实，每个书法家都是一个工作室，都是一间公司，有人家的时间安排和业务。我安慰了谢老，自己也觉得有所亏欠似的。

前段时间陈莹找我，说到六局出差，谢老托她带给我一幅小楷书法。陈莹说，谢老的意思是，已经八十有三，身体渐渐老弱，写不出好的小楷了，送我一幅作为纪念。那幅书法是标准的唐楷，字如绿豆，装裱精致，内容为刘禹锡的《陋室铭》。熟悉的书法家告诉我，这种珍惜友谊的表达，不同寻常。

每每想起谢老，心里总是沉甸甸的，是友谊，也是惦念。我在谢老身上学到很多东西，比如谦虚、重情、钻研和创新，等等，等等。或许就是这种惦念和珍重催生出的相互之间的砥砺，成就了我们的友谊，成就了我们的精神寄托。

（2015-3——2017-8）

注：陈莹，时任中国建筑工程总公司政工部副主任。

玉奎儿

1982年3月13日上午，我到建工总局报到。当时建工总局人事司的杨鸿坤处长找来办公厅主管党务人事的宋敏静处长，带我到政策研究室，说先见见主任。

那年玉奎儿52岁，属马，大名刘玉奎。当时玉奎儿标准的平头，发丝直立，蓝色的中山装外边斜斜地披了件黑色的棉袄。为了不使棉袄脱落，他一个肩膀耸起来，像要与人战斗，保持着随时出击的状态。后来我才知道，这件棉袄永远是斜着披的，不是疏忽。最初的感觉，玉奎儿人很和善，没有架子，但言谈的直率，又好像拒人千里，不食人间烟火。那天副主任张法庭没在，玉奎儿同我们寒暄了几句，将我交代给宋陆乾同志，留下一句“就这样，就这样”，转身走了。

当时研究室在总局主楼5楼南侧办公，正副主任一间办公室，其他人一间办公室，两间办公室是打通的。绕过楼梯间，还有一间资料室。就在这样的环境中，开始了我将近34年的建筑生涯。就像我参与竞技体育从田径开始一样，那种基本素质的积淀，对我今后从事其他体育项目都有助益。玉奎儿的直接教诲和榜样力量，使我终身受益，尤其是我取法乎上、仅得其中的文字功夫。

关于玉奎儿的文字，我在《文章是这样写成的》中，已经做了表述。说到这儿恰好说下玉奎儿的名字。记得我写完那篇文章后，很多同事都非常喜欢。也有一些同事专门地咨询我，直呼领导名字，是不是不礼貌，然而那确实是一种现象。我后来想，一是当时党内都叫同志，进出文件大部分都批示“某某同志”或直呼其名。二是特定人的特定叫法，在某个机关和某个范围，一旦叫起来，一辈子都改不了。当时的领导和同事，都叫他玉奎儿。这叫法不能带姓，就两个字，关键是一定要用儿话音。当然，很多年轻人和新毕业的学生，看着玉奎儿生猛的样子，都毕恭毕敬的叫刘主任或刘党组了。

记得入职没两天，玉奎儿扔给我一份苏联建筑业改革的材料，“缩减到1500字，登总局《建工通讯》”。指令简短明确，没有任何铺垫。那是我第一次接受任务，花了几天的功夫，从5000字缩到3000字，再缩到1500字。能不能完成任务，使领导满意，我的确心里打鼓。生怕删掉了重要观点，或者将人家的观点修改成了另外的意思。按理领导多说两句，我们也好理解领导意图。不过我心里明白，玉奎儿三个目的，一是叫我熟悉情况，再一个就是看看我的文字水准，三是给我锻炼的机会。那篇文章是顺利通过了。后来玉奎儿对我说，政策研究室可不是随便进人的，挑人的时候他看了我的毕业论文。

刚刚适应总局政策研究室的工作，玉奎儿找到我，说，“国家机关机构改革，新成立了城乡建设环境保护部和中国建筑工程总公司，你想到哪儿?”那个时候好像全中国的人对国家公务员和国企干部的区别都不甚了了，我一个刚毕业的学生，更是一头雾水。就说，“哪都行。”玉奎儿马上说，“我到中国建筑工程总公司，你和我一块儿吧。”后来，玉奎儿从来没有对我说过，在人员分配的时候，到底是他要的我，还是没人要我他接了我。如果放到今天，那是截然不同的两条人生道路，或许我要考虑好几天。不过，能够跟着玉奎儿学习和工作，我至今也不后悔。

玉奎儿手很快，很少看到他安静地坐在办公桌前，我很难想象他的稿子是什么时候写出来的。看他一天出出进进、忙三叠四的样子，感觉他的性格和他从事的文字工作水火不容。我相信，他是念兹在兹，只要有写文章的任务，他脑子总是在不停地思考。我记得那个时候总公司的工作会基本在京西宾馆、中组部万寿路招待所、国务院一招、住建部三号楼招待所和友谊宾馆召开。如果写报告的话，有时候提前住进去，写简报就随便找个房间开练了。他喜欢集体创作，无论写稿还是议论框架，乐于接受各种意见，也开门见山地否定他认为不妥的意见。有几个人在他旁边七嘴八舌，各执一词，反而是他出稿子最快的时候。大部分时间，稿子就是在这样的讨论过程中形成的。玉奎儿的手书开阔大气，像临过颜体书法的样子。看他写文章，总觉得那支生花妙笔，与他脑子里流动的思想相偎相依，喷薄而出。最值得称道的是他对建工系统的基层情况和改革发展了如指掌，文章观点鲜明，言之有物。

看他改文章绝对是一种享受，文章一眼扫过，了然于胸，都说眼睛里不揉沙子，玉奎儿眼睛里连金子都不揉。旁人冥思苦想的脑力劳动，叫他做成了行云流水、秋风落叶的艺术表演。一要开始改文章，他就有点儿走火入魔，像个雕塑家，大刀阔斧，七砍八斫。只要和主题无关，再好的段落，再好的文字，绝不姑息。往往三下五除二,一篇文章芙蓉出水，亭亭玉立。他担任办公厅主任后，我看到他把研究室主任的稿子改得面目全非，更别说我们的稿子了。我记得有一次宋陆乾主任按照玉奎儿的安排，写一个指导意见。宋陆乾主任在研究室是有名的精细人，不用钢笔，颤巍巍地用他颇有功力的铅笔书法，写满几十页稿纸。那永远布满橡皮屑的桌面，叫人感慨他工作的投入和辛苦。大概老一辈人都习惯了玉奎儿的工作方式，看着他们面无表情地拿着被否定的稿子回到办公室，有时会想到我们修远的漫漫长路。

很多时候，对于交给领导的稿子，总想着一字不易，那不仅仅是过关的标志，而且是质量的证明。然而，在玉奎儿那里，交稿的时候，是最忐忑的。敲敲门，拿着稿子走向玉奎儿，他基本会有三种表现。其一，瞥一眼文稿，真的是一瞥。“文不对题”，随手就扔给了你。其二，“再改改”。有点儿笑模样，确实笑了笑。其三，就当你不存在，一支笔在文稿上风卷残云、摧枯拉朽，然后说“抄一遍!”那个时候，一字不易，就是完全不合格！没有人想得到这种待遇。

我非常佩服玉奎儿的学习精神，玉奎儿一生除了读书，没有别的爱好。读书、谈书，侃侃五行八作、三教九流的各类知识，是他最大的乐趣。后来我才知道，这位建工系统的大笔杆子，竟然才小学毕业！那年玉奎儿70岁生日，当年研究室的同志都到家里看他。我去的比较晚，顺便带了一套他喜欢的书。他爱不释手的摩挲了好久，说：“还是刘杰，知道我喜欢什么。还有肖肖，送的放大镜，他们知道我。”因为我离开研究室比较早，大家都不知道我的研究室经历。经过那次，玉秀说，原来刘组长是研究室的老人。记得刚毕业的时候，建工总局政策研究室没有几个人。主任是玉奎儿，副主任是张法庭，工作人员有宋陆乾、年复礼、程应镗、张鲁峰、薛小铜和陈悦然。当时年和程还是借调的。中建总公司成立后，原来从事对外承包和劳务合作的小中建研究室的同事并了过来，记得当时有陈有志、齐方、周吉伦、李文玉等等。后来，许雄威、肖肖、丁永书、王寅飞、秦玉秀、蔡伟新等等也都陆续到了研究室。成立研究发展部之后，又进了不少年轻人。研究发展部的同事们到现在互相联系还很多，这与玉奎儿像孩子一样关心这些年轻人，营造的良好氛围有直接的关系。

玉奎儿很耿直，很倔，有时候，直得叫人目瞪口呆。按他的行事风格，确实得罪了不少人，或许有意无意之间，与有些同事产生了误会。或许别人要说的不中听的话，他来说了也未可知。80年代初，在总公司，在城乡建设环境保护部的大楼里，毕业二年多，不到30岁就提职为副处长的几乎没有。记得下文前，他找我谈话说，“我就不同意提拔这么年轻的同志，再锻炼下多好。就是赵国栋非要提!”不过我至今非常感谢他，这是一种另类的提点，督促你思考和改进。还有一次，办公室分鱼。当时有位同志下楼帮助玉奎取了上来，然后，她拎着一大一小两条鱼对玉奎儿说，“主任，你先拿，挑好的。”玉奎说，“你要照顾我，就自己先拿小的，叫我先拿，我能拿大的吗?”

在研究室工作一年多，玉奎儿找到我，说调我到秘书处，因为原来秘书处核稿李荣强同志调任深圳建工服务楼总经理。我当然不愿意，那个时候总感觉研究室做的是整块儿的事情，秘书处是打杂的。玉奎儿找了我几次，最后说那就借调吧。我说，好，干一阵就回来。结果也就一年的时间，下文我担任秘书处副处长。在这件事情上，我相信，玉奎儿是通盘考虑的，也是很纠结的。他担任办公厅主任，主要精力都在研究室，非不得已，不会这样安排的。很多年以后，退休好久了，他带着遗憾的神色对我说，你如果在研究室再多待上一年，业务和文字就都成了。

我担任秘书处副处长的时候，仍然兼职核稿。一次玉奎儿拿着发出的文件找我，满脸怒气，文件在手里晃来晃去。“怎么搞的，文件能这么出吗?”我找到原始文稿说，您看看，领导就是这样改的。结果玉奎儿的怒气更大了，“不管领导怎么改，文件错了，责任就是你的。”相当一段时间，我接受不了这种批评，觉得受了莫名其妙的委屈。后来反思，玉奎儿说的是对的。作为核稿，你是文件的最后一道关口。即使领导批示了，去解释，去争辩，也是必须的，对文件质量负责是最终目的。以后相当一段时间，只要我给同事讲公文写作，都用这个例子。

有一次，工程部经理王本立急急地找到我说，赶快帮我看看文件，玉奎儿说非要经过你。后来我才知道，因为着急，他越过程序直接找到玉奎儿。结果玉奎儿来了一句，刘杰看了吗？我很感动，这里透出两个意思，一个是程序要遵守，再一个是刘杰看了才放心。玉奎儿不怕得罪人，同时也给我最大的信任。这种完全的信任，确实使人不得不加倍地认真努力。当然，这种信任之中，包含着更强烈的肯定和表扬。不过，那个时候如果从玉奎儿嘴里当面得到一句表扬的话，难上加难。

玉奎儿很“粗”，“粗”得有时候叫人觉得他是从天上掉下来的。他三言五语地布置了工作之后，好像就不再关注此事了。但如果你根据他不修边幅的样子，觉得他对周边的小事都不放在心上，那就大错特错了。其实，他很关注你的工作进程，关注你对他要求的理解和发挥。我碰到过他细的时候，细得叫我感动。80年代总公司开工作会，我作为秘书处副处长负责全部会务。当时有志担任秘书处长没两年就到泰国经理部担任总经理了，我以副处长身份主持了几年工作。记得原来会议手册和名单排名等等都需要领导审核之后才印发，后来我想这都是小事，也就自己做主不给领导审核了。某一次，一位领导当着玉奎儿的面询问，为什么把党委书记放在前边？当时总公司交叉任职，局长法人代表，实际的一把手。玉奎儿说，这次是党建为主的会议，书记应该放在前边。还有一次，大家一块过稿子。那稿子是玉奎儿起草的，他照例先叫我看一遍，我从发文的角度做了一点点调整。一位同事提出，某两个字放在原处很好，怎么调换位置了？玉奎儿当时就说，这两个字上一行有了，离得太近念着不舒服。这些小事我们都没有沟通，得到领导的这种理解使我非常愉快。

与玉奎的交往，清淡如水。这些年，我去看望过他有数的几次。有时候，他需要我落实什么事情，也是电话一通，那边简洁的一句“玉奎儿”，接着就说他要说的事，他的语速很快，有时候吞掉一些字，也不管你听明白没有，又是“就这样，就这样”！撂了。90年代末，我刚从香港回到北京的时候，约上几个老领导去东来顺吃涮羊肉，叫了杨景妹和聂天胜作陪。记得那次有赵国栋、程文林、匡新国等办公厅的老领导，还有我在秘书处的搭档陈有志处长（插一句，有志是老革命，正局级离休干部）。说古道今，其乐融融。吃完饭，玉奎儿说，好好工作，不要组织这种活动。以后我再也没有组织，不过对国栋和其他领导还是觉得有些歉意。他好像不刻意地接近别人，很少说那种带感情的话语。但是时间长了，你会感觉到，其实他心里有一团火。一次见到玉奎儿的儿子红军，结果红军告诉我，你别看他不叫你们打电话，不叫你们来看他，其实他非常想你们，一有机会就说你们的事，他就是怕耽误你们的工作。

玉奎儿2014年8月溘然长逝，如他一辈子的行事作风，不给他人留下任何麻烦。留下的，是我们这些受益的晚辈，深沉悠长的思念。其实，这篇文章2005年就开头了，工作繁忙，动动停停。我总在想，该向玉奎儿学习的，应该是学习钻研，应该是敬业严谨，应该是坦诚直率，应该是抓大放小，应该是爱护部属……

近年来，中建总公司越发展越好。现如今我们都是老领导了，说说比我们还老的包括玉奎儿在内的老一代领导的风范，为了将来，也以此告慰玉奎儿。

注：此文2017年9月4日发表于中国建筑新闻

国栋

国栋姓赵，老实人，纯朴厚道。总公司成立的时候，他任秘书处长。1987年，玉奎儿担任党组成员研究发展部主任，国栋就接任办公厅主任了。我们当面都叫他赵主任，背后叫国栋的多。好像少说一个字，得了方便，省了力气，也透着亲切。

总公司组建时，我在研究室干了一年多，用“借调”的方式被转到秘书处，再过一年，通过任职的方式把我留在秘书处，估计都是他和玉奎儿撮合的。我在秘书处的职责是核稿。早就听说，这活儿，拴人，得罪人，适合年龄大的和慢性子的人干。尤其看着秘书处很多同志一天忙得脚打后脑勺，更显得核稿的冷清。国栋为了做我的工作，给我讲了老万的故事。他说，建工总局的万云荪，一辈子在建工系统核稿，政策水平、业务水平和文字能力绝对一流。即使部长批示的稿子，老万认为不对的，也经常修改，搞的部长们还得拿着稿子和老万商量。老万的职业生涯就出过一次差，还因为有重要文件，刚到目的地就给叫回来了。当时总公司的办公运转体系基本按照国家建工总局的模式，人们都记得老万的水平和严格。这种榜样真是叫我喜忧参半，水平难以企及不说，一辈子坐在办公室修改文件，为了几个字和同事争吵不休，也是很恐怖的事情啊！

核稿到底怎么回事，我后来才慢慢明白。要说重要，还真不夸张。如果能够成为一个合格的核稿，对国家的相关政策、总公司的业务、各个部门的职责、相互之间的关系、与外界部委和机构的关系，基本就搞清楚了。当时的文件运转机制是，以总公司和各个部门名义发出的文件，都需要核稿把关。总公司的文件，修改后送办公厅主任；各部门的没有改动就发了，如有大的改动，再商部门领导。工作上手之后才知道，这工作一点儿都不清静。别说部门领导，就是各部门的综合处长、业务处长，甚至拟稿人，都随时找你"商讨"修改的地方。国栋这靠山，真是没话说，一有争执，必定站在我的身后，要不真得焦头烂额、体无完肤。那时总公司文件质量最高的是人事部和财务部，很大程度上也得益于刘宜玥和姜明哲两位综合处长。最难改的文件是劳资处和基建处，动一个字都要商量好久。不过由于很多情况下言之有理，后来和劳资处沈吕诗处长、基建处孙荣国处长都成了好朋友。

记得到秘书处没多久，国栋亲力亲为地写了一个很全面的总公司办公规定，包括职责范围、会议制度、公文制度和保密制度等等。他叫我过去，把草稿交给我，说让我改改。虽然那个时候总公司的氛围很好，也有良好的工作习惯，我还是很紧张，很纠结。它不是核稿对其他部门的稿子从工作角度的修改，也不是研究室对报告草稿的讨论，而是对自己顶头上司起草的文件施以刀斧。而且，当时就经常听说，领导让帮助修改稿子是客气，千万别当真。说归说，做归做，我还是查阅了很多资料，对规定作了全面的调整。交给国栋后，好几天不踏实，总觉得在等待灾难降临。或者爆发不在这一次，而是留下了潜在的不良印象，让领导觉得这个人不知深浅，没有起码的修养。几天后，国栋找我，满脸的兴奋，充分肯定了我对稿子的修改。当时的话语我忘记了，但我记得国栋那真诚的眼神，那发自内心的笑容。

国栋很关心年轻人的成长，无论在政治上，还是职业生涯上。那时候，在学校入党的学生不多，很多学生党员都是入学前村里和基层单位的小领导。记得国栋找到我，说，在秘书处工作，不是党员很不方便，你要努力争取。没有多久，他专门送给我一本刘少奇同志的《论共产党员的修养》。那本书，我至今还保存完好。我入党没多久，就被提拔为秘书处副处长。我总觉得，国栋其实很多事情早就想好了。国栋文质彬彬，但他看准了的，力度蛮大的。提拔我担任秘书处副处长的时候，可选择的干部很多，刚刚毕业两年，再优秀能到什么样子。不说办公厅别的处室，就是秘书处本身，顾北辰、何菊英等等，都是工作多年富有经验的老同志，何况北辰同志年龄还不大。当时毫无感觉，现在想起来，一切从工作出发，没有力排众议的态度，没有不怕得罪人的勇气，还是很难做出决断的。

或许我担任办公厅主任的时候，爱琢磨一些规律性的东西。我的后任总是希望我给系统的办公室主任讲讲如何做好工作。每次讲课，我都说，如果我的前几任综合一下，堪称完美。玉奎儿风风火火，站不稳，坐不住，但粗放大气，抓大放小，处理问题三下五除二，痛快。国栋则勤勤恳恳，踏踏实实，尊重人，理解人，永远在你需要的地方。总公司的几个老领导，办公和文字都是一流的。恩树、广水更是大家。我记得，当初总公司任命文件都写“经研究，任命……”，后来恩树同志改为“兹决定：……”言简意赅，掷地有声，又体现组织的权威，妙！在公文写作方面，国栋非常专业，文字干净，文体得当，政策把握得好，读着舒服，心里顺畅。我从研究室到秘书处，刚开始核稿的时候，两眼一抹黑，对行文的要求等等一无所知，不知道从哪里下手，星星点点的进步，都是国栋手把手教的。国栋对人很客气，即使你错了，他也用商量的口吻和你说话。由于比较谨慎，我修改的稿子错误很少。偶有闪失，国栋总是事后提醒，绝不在外人面前拆你的台，以显示个人的权威和能力。国栋的钢笔字非常漂亮，我问国栋怎么练的，他说，主要是文化大革命，帮助领导写检查。国栋很少开玩笑，我相信他说的是真话。

80年代初，社会没有那么五光十色，刚毕业的学生没有地方去，周日差不多都长在办公楼里。我印象中，国栋总是在加班。有的时候，国栋从办公室打电话过来，听着那浓重低沉的山西话的节奏，知道说的是“帮我买桶烟”。国栋烟瘾大，就抽那种纸桶的廉价货，好像是8分钱的大众牌，50支装。国栋夫人是招待所的经理，当时总公司的毕业学生差不多都从地下室招待所周转，大家互相熟悉。虽然住得近，国栋加班的时候也不回家，经常看到大家叫做韩阿姨的国栋夫人，提个小兜子给他送饭。多少年了，即使不是忙得屁滚尿流，我也愿意在办公室多坐会儿，从来不考虑下班时间，估计和国栋的遗传关系很大。

那时候，总公司很热闹，不分职务高低，每天中午，就两个活动，一个克朗棋，一个拱猪。就说拱猪，文明一点儿的，简单记个分数，体现输赢。稍微过分点儿的，就贴上满脸的纸条。国栋不玩牌，总是说，玩就玩，贴一脸的纸条像什么样子。有一次，我们正在玩，国栋推门走了进来。大家都很紧张，觉得国栋要说什么。结果那天脸上纸条最多的是程文林副主任。国栋转了一圈，一句话也没说就走了。我们都对程主任表示感谢，多亏您在啊！程主任基层出身，当过大领导秘书，和我们没大没小。他说，参与拱猪，就是了解干部。确实，他对我们的脾气秉性，了如指掌。而对国栋，我们都尊重有加，如果国栋是个心眼小的领导，谁敢如此造次，屡教不改。

国栋高度近视，眼镜片如大家形容，像个瓶子底，看文件时眼睛几乎要贴在纸上。有时候国栋到值班室找我，推门探进头来，30多平米的房间，环视一圈，啊，刘杰没在，转身要走，大家笑了。我也忍不住，就问，主任有事吗？还有两件小事，大家总拿国栋开玩笑，或许以讹传讹，牵强附会，也说不定。到贵州，去黄果树，瀑布从天而降，绝妙的照片背景。国栋说，真漂亮，来，留个影。他面带笑容，摆好姿势。同事犹豫再三，只好提醒，主任，瀑布不在您身后，在这边儿。到工程局，晚饭，国栋夹了桌子上每个盘子里的菜后，小心地问旁边同行的同事，今天的菜怎么都一个味道。同事小声说，今天吃的是份饭！80年代，赶上那段时间整治吃吃喝喝，工程局的陪同人员看着主任夹自己盘子里的菜，谁也没敢吱声。

当年总公司留下的好风气，没有人到处东家长西家短扯舌头。我这些年很少到老领导那里走动，更别提现任领导了。一次玉奎儿不舒服去看他，回忆往事，玉奎儿又重复了当年的话，我当初就不同意提拔你，再锻炼锻炼。赵国栋坚持！后来，也是偶然机会，与国栋小叙。提到了当年任职的情况，国栋只是淡淡地说了一句，玉奎儿另有考虑。国栋退休几年了，但就这种时候，国栋也没有对我说过一句，当年是我坚持提拔你。小小的一件事，我自己都觉得怪怪的，为什么当初没有想知道来龙去脉的欲望？而几十年之后，各种信息才串联起来。玉奎儿直率得离谱，让人心生敬意。而国栋的高风亮节，我们只能仰之弥高。那时候，秘书处长相当于党组秘书，参加党组会，虽然干不了大事，人事问题上通风报信讨个好，作为将来人脉的积累，有这个条件，但确实没做过。国栋的所作所为在前，我在努力学，努力做，不过差距蛮大的。

由于又是整顿，又是六四风波，我一直以副处长身份主持工作，前后四五年时间。从1988年到1991年，我同时还兼任马挺贵总经理的秘书，忙的确是忙了些，但非常充实，也得到了马总和国栋的充分信任，我非常感谢他们。我1990年被提拔为处长。国栋说，到香港去吧，和香港的李博文说了好久了，位置一直给你留着。次年成行。那个时候，除了工作，对个人的职业生涯完全没有设计。我觉得在工作上，国栋应该更需要我，虽然地球离了谁都转。国栋既考虑工作，也考虑个人的心境和发展，不是每个人都能做到的。临行前，国栋说，到我家吃顿饭，送送你。国栋是长年加班工作的人，那天下午，他专门请了半天假。晚上，在国栋家吃的涮羊肉，从肉到菜到作料，都是国栋自己准备的。韩阿姨对国栋照顾备至，说国栋下厨我们谁都不相信。能够想象，国栋花上一个下午，准备一顿饭，那粗手笨脚的样子。然而，对我们这种小萝卜头，他什么都不为，本性使然。

如果说碰到个好的领导，关心爱护，尊重理解，解惑授渔，国栋是也。如果说交个朋友，高山流水，清风明月，矜而不争，国栋是也。

（2017-9-14）

访日二题

最近，有机会到日本考察，匆匆来去，走马观花。中日两国，举凡政治、经济、文化以及社会，同少异多。今摭拾二题，略表所感所思。

知与行

在日本时，有一次同行的同事与日本工作人员闲谈，说到敬业问题。他问他们什么叫敬业。日本工作人员说，不知道什么叫敬业，只知道把该干的事情干好。回来后，我把这件事讲给了朋友听，大家都感触良多。说到日本工作人员把该干的事情干好的例子举不胜举。比如我们到达每一个入住的酒店，工作人员在给我们钥匙的同时，总是给我们一个信封，里边有我们代表团人员的姓名及房间号码，早餐有几个餐厅可以去，都在什么地方，甚至还有电话、洗衣等细微末节的事情。尽管酒店房间里有详细的说明，但是中文的、针对我们的安排确实让人叹为观止。又比如，仅仅是每

次上巴士的小事，你也可以见到日本的工作人员们（有时是两人）来来回回地将人数数上三遍，严肃认真，乐此不疲。再比如，每到达一个新地点的时候，行李已经在房间里了；离开时，只要把行李放在房间门口就可以了。他们还会给每人发一张在这个新地点的时间安排表。但事情并不就此结束，每次上午或者下午巴士将回到酒店时，工作人员总是将下步或者明天的安排再说上一遍，提醒大家不要忘记。就是因为这种认真细致的接待，使我们这个将近一百人的团组没有发生任何不可预见的事情。有位同行的同事还说，把接待的事情整得这么明白，真不容易。他更举例子说，在洗手间里，他想拿的东西几乎都在手边，日本人的周到和细致可见一斑。有一次，在参观磁悬浮列车时，他有些累了，想把手放在一个齐腰高的玻璃罩子上。他本来已经有了手会触到稍有些凉稍成直角的玻璃边的心理准备，可是当他触到的是包在玻璃边上的一层透明的软软的胶质材料时，那种感觉对心灵的强烈的震撼真是无以复加。

商务印书馆《现代汉语词典》对“敬业”这个词的解释是，“专心致力于学业或工作。”我不怀疑这个解释的正确，但是觉得如果按日本工作人员的说法是否更接近实际。因为“专心”只解决了心态的投入问题，并没有充分地表达认真细致、追求最佳的道德修养方面的因素。

我并不是说我们的同事们都不敬业，但我们敬业的状况也是有目共睹的。不敬业有什么原因吗？我想，是否可以这样看，一是经济人的解释，考虑回报太直接了，没有利益，就没有行动。二是把敬业宣传到了一个可望不可及的虚幻的程度，做不到，干脆不做。三是在利己和利他的问题上，只考虑利己，而不考虑利他。四是一定的文化或环境的因素，大家都这样，没有什么不好，或者没有受到批评。众所周知，日本的文化受中国文化的影响是巨大的。唐朝以后的大规模的文化交流使日本对中国的文化尤其是儒家的文化有了很好的融会贯通。而近代以来，“五四”的打倒孔家店以及“文化大革命”更深一层的破坏，使孔夫子的仁义礼智信和温良恭俭让的美好的做人原则受到全盘否定。破而未及立，西方的一些文化思潮以及随市场经济的推进而泛起的沉滓就乘虚而入，造成了某些人们一定程度的人格缺失。江泽民同志在十六大报告中指出“面对世界范围各种思想文化的相互激荡，必须把弘扬和培育民族精神作为文化建设极为重要的任务，纳入国民教育全过程，使全体人民始终保持昂扬向上的精神状态。”从这个角度理解江泽民同志提出的“三个代表”思想和以德治国的方略就可以得出深切的感悟。

有的专家说，文化就是人化，或者说是化人。说到底，就是全面提高人的素质。我们大家都生活在一个世界里，我们都是环境的一部分。由于我们的行动，他人得到了便利和愉快，我们自己得到了便利，同时也分享了愉快。因此，敬业是利人利己的事。知道了这层意思，我想，敬业就是一种境界，一种做人的原则，一种个人的修养，一种文化的基因。它要从小就揉在骨子里，逐渐地成为心灵的一部分。要使人人都敬业，是一个慢活，不能急功近利。它不是在单位领导交代完成某件任务的指示，而是小时候妈妈说的，要把该干的事情干好。

对知与行，我没有哲学层面的解释，我的解释是：知道了，就做好。

机械与变通

还是用事实说话。

一件事是我的请假。由于有一些私人的事情，我在北京就与日本的朋友联系好了，在日本见个面。按考察团组的要求，我向小组长请了假，又向副团长和团长请了假。在我离开巴士的时候，日本的工作人员问我干什么去，我如实回答，他们说不行，要请示日方有关领导。于是，日本的工作人员在电话中要我将离开的理由又复述了一遍。他们又在那里向那位领导解释了大概有20分钟的时间，才对我说，同意了。

另一件事是在北海道。据到那里的考察组的同事说，日本的北海道风景秀丽，一如画境。大家在如醉如痴之间，要求停一下车，好拍张照片，快上快下，不耽误时间。中方考察团领导已经同意了，在告之日方工作人员时，得到的答复是不可以。或许还有深层的原因，可是实际的结果却是，日程上没有的，就不予安排。

那几天我的感觉是日本人机械如此，不可理喻。然而又一件事却使我陷入了沉思。几件衣服脏了，在宾馆洗一下。由于那些英文的衣物名称搞不清，就想象着填写了。晚上回到宾馆，在洗好的衣物上有一个英文的小纸条。上边的大概意思是：谢谢您在宾馆洗衣。现谨通知您，您在洗衣单上填写的是T-Shirt，而您送交的却是Sports Shirt。因此，洗衣费用可能稍高一些。由于时间有限，我们又不能联系上您解释目前的情况，我们确信您会对洗衣的结果完全满意。我之所以有感触，是因为我有一次在德国也碰到了相近的情况。西服脏了，第二天要用，就在早上出发前交给了服务员，但晚上回到宾馆时，西服没有洗，宾馆要我确认一下西服肩上一个小米粒大小的洞。真是七窍生烟，如果真的这样严格，就应该在接收衣物时及时地检查确认。相比之下，日本人的灵活机动让人觉得是那样的有人情味。

机械就机械得僵硬，灵活就灵活得宽容，日本人让人觉得尺度把握得恰到好处。目前我们在日常工作中似乎是变通有余而机械不足。机械不足就是坚持原则的事情少了些。变通有余就是可通融的通融，不可通融的也通融了。就机械来说，可以从两个层面来解释问题，一是严格执法，决不越权。二是制度神圣，不可随意改动。就变通来说，也可以从两个层面来解释问题，一是设身处地，急他人之所急，认真负责地解决问题。二是将对方看成可以商量的善解人意的好人。其实两者并不矛盾，因为在变通的问题上，上司肯定有一定的授权。

无论是机械不足、变通有余，还是机械有余、变通不足，都反映一个深层次的问题，那就是缺乏为人民服务的精神，或者是这种机械和变通受到了更复杂的因素的影响和制约。比如我们讲依法行政，其中的自由裁量权的自由度，不是根据正常因素在正当的范围内变动，而是根据非正常因素偏离公众利益的一边。我说的非正常因素也许有长官意志、金钱诱惑或其他的东西。这种非正常因素造成的偏离，就为腐败留下了可乘的缝隙。其实话题不该这么沉重的，本来只想就文化的层面谈些问题，可还是按因果关系想了下来。

就机械与变通来说，文化的和人的素质的因素可能是更为直接的。比如说德国人的严谨刻板，美国人的自由奔放，英国人的绅士风度。不过，就我国目前的状况来说，还是应该从经济的和文化的两个层面上解决问题。即放下个人的利益，一切从他人出发，严格在制度和授权的范围内活动，机械和变通就合二为一了。当然，还是不要忘记长辈的言传身教，社会的耳濡目染，文化的潜移默化。

他山之石，可以攻玉。我们不是妄自菲薄。江泽民同志在十六大报告中说“中华文明博大精深、源远流长，为人类文明进步作出了巨大贡献。”把失去的捡回来，寻找我们应该拥有的，自立于世界民族之林的中华民族就会永远勃勃生机，勇往直前。

注：此文2003年8月发表于《中国建筑》杂志。

商场战场及其他

左想右想，我也和军人不沾边，不应该向我约稿。八一的日子，找正牌的复转军人——政工部张勇平主任才对。可反过来一想，没准鬼主意就是张勇平出的，叫我们这些没有当过兵的说说当兵的事，说错了，她好在一边怪笑。

要说有30年了，那时我参加地方的田径集训队，正好同一个部队的田径集训队一起训练。我专门借了身军衣，到照相馆照了张照片，多少钱忘了，反正那时钱值钱。照片我很喜欢，后来才明白，喜欢自己叫“自恋”，说到底还不是喜欢那身军衣吗。但最终我还是没有选择部队和部队的体育队作为终身职业，的确有些“另类”。那时还没有恢复高考，社会上也没有学习氛围，但冥冥中觉得读书还是有用的。今天看来，无论是战场、运动场，还是商场，总不能少了学习得来的东西。有意思的是，30年前没有选择的事情，今天却要我来说说。

我觉得战争是人类社会的必然产物，因为有些问题要用这种方式来解决。我觉得经济是从你的兜里拿钱，政治就是规范拿钱的规则。战争是流血的政治，它的一个目的是调整拿钱的规则，另一个目的又何尝不是赤裸裸地从你兜里拿钱呢？但商场和战场的区别就在于：一个是和平的方式，一个是暴力的方式。商场的极致应该是“双赢”，但逼得人跳楼的也不在少数；战场的追求是攻城略地，可战场也不一定非得以杀人为标准。《孙子·谋攻第三》说：“故善用兵者，屈人之兵而非战也，拔人之城而非攻也。”叫嚣乎东西，隳突乎南北，血流成河是战争的下品。商场如果是以人为筹码，以表演为手段，则已南辕北辙，远离初衷。人类几千年的经济生活和现代企业是不会做这样舍本逐末的事的。套句大报告的口气：综上所述，商场与战场实在也是形态不同的一件事。

说到“形态”，引点儿“现代物理学”知识，但是是从小说家史铁生嘴里知道的。“经典物理学”一直在寻找组成物体的纯客观的不可分的固体粒子，但“现代物理学”发现：“这些粒子不是由任何物质性的材料组成的，而是一种连续的变化，是能量的连续‘舞蹈’，是一种过程。”“物质是由场强很大的空间组成的……并非既有场又有物质，因为场才是唯一之实在。”“质量和能量是相互转换的，能量大量集中的地方就是物体，能量少量存在的地方就成为场。所以，物质和‘场的空间’并不是完全性质不同的东西，而不过是以不同形态显现而已。”照这个理论，质量和能量是一种东西，物质和精神也是一种东西。我抄袭了一大堆，要说明的还是：人类社会无论发生了多少事，其实就是人类生存发展的一件事，商场和战场自然就是这一件事的不同发展形态。

由于是一件事的不同发展形态，所以战略战术和制胜的原则基本是相通的。正因如此，军事十分深入地融入了我们的生活，以至于有些意思只能用军事的词汇才表达得更确切，比如“排头兵”“主力”“攻坚战”“突围”“铁军”“逃兵”，等等；还有些军事的战略和战术也融入了人们的生活，比如《孙子兵法》《孙膑兵法》，等等。

在众多的军事谚语中，我很欣赏“狭路相逢勇者胜”，我记不太清这是我们的哪位老帅和大将的诗句或妙语了。在德国军事专家克劳塞维茨的《战争论》中，他说：

“军人首先应该具备的品质就是勇气。”他还说：“影响判断力的主要因素是精神范畴的勇气，即对自己的信心，换句话说，就是自信心。”孙总也有句很经典的话，他说：“在商场上，穿上西服，就像穿上军装，人就进入了战斗的状态。”在最近的几次讲话中，他也反复地强调自信心问题。我觉得自信心问题的焦点就是德国的老克先生所说的心理因素对人判断力的影响。破釜沉舟，背水为阵，皆为古代众寡悬殊，以少胜多的实例。乍看有些近乎赌博，可是从积极的意义上说，是自信心爆棚也就是判断力准确的表示。谁也不愿意死，谁也不愿意没有退路。主动地断了自己的后路，等于把自信心推到了极限，而达到极限的自信心所产生的不可估量的力量，是无坚不摧、无往不胜的。至于风声鹤唳，草木皆兵，则又都是自信心崩溃，失去了起码的判断力的例子。风吹一阵，鹤唳一声，畏畏缩缩，战战兢兢，连草木都成了敌人，焉有不败之理。

当然，我们所说的自信心是与主观武断、情况不明决心大之类无缘的。我们的自信心是建立在对自己和对对手充分了解的基础之上的，是建立在充分的战斗准备基础之上的。话说回来，在商场上，在处理“人民内部矛盾”的时候，就不见得是“勇者胜”，我们就要像春天般的温暖了。

“战略上藐视敌人，战术上重视敌人”同样是颠扑不破的军事理论。我的理解，这说的是宏观和微观的问题。青林书记每次在幽默地侃宏观时，其实就是在讲我们的发展战略，在讲“隆中对”。做企业，不了解世界的政治经济形势，不了解党和国家的政治经济政策和经济发展的走向，不了解行业所处的位置和发展前景，不了解本企业的长短优劣，不了解员工的需求和承受力，是不可能使企业走上健康发展的道路的。至于战术，我觉得就是个执行力问题。有了好的战略，有了好的想法和措施，落实是一件很实际的事情。战术是战略的保证，能力和方法又是战术的保证。想想一个急行军的队伍连从后到前的口令都传达不准确，怎么能战胜敌人。三国的马谡被斩，很冤，可是从战略的角度，由于某个部署落实不到位，使战斗满盘皆输，斩了马谡真

的连眼泪都不应该流。这就又说到夸夸其谈、好高骛远和兢兢业业、脚踏实地的关系了。在执行层面的指挥员，需要原汁原味的落实战略比绘声绘色的发挥战略要重要得多。尤其不要阳奉阴违、文过饰非，如果对决策者有了这种致命的误导，那就什么仗也打不赢了。

据说，毛主席当年曾问部下：什么叫战略？没有人回答得上来。毛主席说，“你打你的，我打我的，打得赢就打，打不赢就跑，这就是战略。”话说得太爽了。仔细琢磨，话体现一个很重要的哲理，那就是扬长避短。这句话总是在说，可实际生活中，我们经常以偏概全。我没有仔细地看过管理学中的木桶原理，但觉得它一直被曲解着。在制造桶的时候，短板决定桶的容量是没有错的，但不会有人专门造出短一块木板的桶。如果有，在短木板以上的部分是多余的部分，是装饰，或者是桶把。而因为损坏造成的有一块过短木板的桶（稍短的可凑合用），就是废品，没有使用价值，已不成其为桶了，翻过来可以做个板凳。如果比较，应是在都有一个短板的桶之间来比较它们的质地、直径、坚固等等，而不是在桶与非桶（有过短板的桶）之间比较。

管理是艺术，用决定容量的原理来比喻总是蹩脚的。人是万物之灵，他的行为更是由错综复杂的因素决定的，用无生命的物体来比较更是漏洞百出，就像我们说的“国退民进”的事情一样。我们的企业包袱重，要承担经济责任和社会责任，这就决定了我们是有短板的桶，有短板就不可以参与竞争了吗？别的性质的企业就没有它的短板吗？这块短板成了安理会的具有否决权的常任理事国，怎么扬长避短也没有用，是没有道理的。杂志上有的文章说，高尔夫的天皇巨星伍兹在某号铁杆的使用上找不到感觉，但他并没有花大力气刻意地改进较差的杆，而是更努力地练习他的长项——木杆和推杆，到现在世界上又有谁能轻易地战胜伍兹？前两天在中国风光无限的小贝，据说也是某只脚不很灵光，但这丝毫也动摇不了他世界超级球星的地位。刚才说的三国的马谡绝对是个冤鬼，用在别的地方是个干将，还不是诸葛亮短其所短，把他派错了用场。

所谓扬长避短，首先是扬长，进攻很好，防守不好，以攻为守；进攻不好，防守好，以守为攻。如果这个“短”像那个木桶的板似的太短，怎么避也不行，那就不具备企业、运动员、战士和某类物体的质的规定性，只是个桶状的板凳了。

之所以应允在最忙的时候写这篇稿子，而且登载时间已在八一之后，还是想到了我们身边那么多的从战场到商场的同事，尤其是当年工改兵、兵改工和七局、八局这些集体转业的同事们。这些真正的军人的加入，使我们总公司更成为名副其实的铁军。一个企业具有战略家的眼光和军人的勇气与自信，这是其有别于其他企业的冲锋陷阵、克敌制胜的优势。我想，总公司“一最两跨”的目标在不久的将来会实现的，一定会的。

破绽百出地说了很多，不能再说了，再说煮的饺子就变成面片了。有时想起来，西方的话也有蹩脚的，比如他们说，“人们一思索，上帝就发笑”。可他们没有说是什么样的笑，我想，上帝的笑总会比张勇平主任的宽容些吧。

注：1. 此文2003年8月8日发表于《中国建筑》新闻。
2. 孙总，孙文杰，时任中国建筑工程建总公司总经理。
3. 青林书记，张青林，时任中国建筑工程总公司党组书记。
4. 附录：给编辑的邮件。“编辑同志：‘人而无信，不知其可也。’这些日子很忙，还有些突发事件，几次想推掉，但还是坚持下来了，总觉得既然答应的事情，还是办吧。当然，我写东西不多，一般都是被人家压出来的。由于锻炼少，所以质量不是很高。之所以坚持，还是有愿意借这个机会锻炼一下的目的。提几条要求：
一、如果质量不高或者与编辑风格不符，但退无妨。
二、如可用，但改无妨。但只要是涉及意思的改变，一定要告诉我。
三、提笔忘字，或者电脑的词汇成语组合有问题，尤其是事实上的硬伤，文责你负。比如马谡如果不在三国。但史铁生、克劳塞维茨、毛泽东、伍兹和小贝，前三个文责我负，后两个随便谁负吧。
倒数第二段临时加的，有些生硬。
尽管这几天有些紧，还是谢谢你向我约稿。”

说说体育的事

编辑约稿，希望我抽时间为《中国建筑》杂志写点什么。一天忙忙碌碌，写深奥的，太累，也写不出来。写浅显的，不累，但觉得没面子。当然这个“浅显”不是深入浅出的“浅显”，而是浅露直白、敷衍了事的“浅显”。偶然想起前段时间总公司搞了个不错的篮球赛，顺着它写点体育的事情，可能还说得过去。至于读者累不累，就实在不能两全了。

比赛为了什么?

“发展体育运动，增强人民体质”，这是毛主席说的。有人评价说，没有谁把体育的事情说得这样好了，好像说到体育，就要引用毛主席的这段话。也有人说，毛主席说的“友谊第一，比赛第二”根本就不对。我从小就参加竞技体育，那时正是毛主席提出这个口号的时候，说实话，有些不解。

说到这儿，要先说下体育。据我理解，就像数学是从生活中抽象出来的科学一样。体育，也是从人们的生活和劳动中离析出来的供人们游乐、竞技、典礼和增加集体凝聚力的活动。比如它比人类的速度，比耐力，比灵活性，比协调性，比爆发力，比团队协作的精神，等等。现代体育，一般分为竞技体育和全民健身。目的不同，运作的方式方法和要求自然不同。“发展体育运动，增强人民体质”的年代，中国人民刚刚站起来不久，面对积贫积弱的国家，毛主席的落脚点是人民的身体健康和素质。当身体健康和素质还成问题的时候，提出其他的要求都是不合时宜的。毛主席提出“友谊第一，比赛第二”的年代，正是文化大革命再次闭关锁国的年代。毛主席当时提出的体育方针，是为了用小球推动大球，是为我们国家的外交战略服务的。当一个民族的目光焦点在更为重要的事情上的时候，体育的竞赛和文化的目的就相对下降了。对于毛主席来说，一切都是为了老百姓和国家的，或者说是为了政治的，体育也是如此。现在我们的国家经济发展了，人民的身体素质提高了，国际地位更加重要了，参与国际体育竞争的物质能力更加强大了，那么争夺金牌，增进友谊，提高素质，一定是同样重要的了。再说，这些事情也是相辅相成的，或者说是相得益彰的。

对于企业的体育活动，与国家的体育活动是有区别的。我觉得最主要的还是通过体育活动，促进企业文化建设，提高员工身体素质，增强员工凝聚力，扩大企业影响，获取社会效益，从而促进企业的发展。如果说用体育比喻我们的企业管理，金牌或者说第一，就是一定要争的了。孙总说，搞企业就是争第一，老二没用。投标就是第一中标，第二不中标。这年头，据说是个赢家通吃的年代，满足于亚军和季军的企业，将来可能连比赛资格都没有了。

是为了看比赛吗?

各队参加总公司的篮球比赛，除了比球技外，还有一比，就是比啦啦队。红旗翻飞，口号震天，喊着球星姓名的加油，无疑是队员的兴奋剂。相比之下，有的球队，别说啦啦队，就是队员的板凳都坐不满。一冷一热，一火爆一萧索，没有啦啦队的队员们与太多的助阵与呵护相比，那份“伶仃孤苦”，叫人心里酸酸的。

记得我在《最舍不得你们的人——是我》那篇文章中，提到中海集团的员工Pennie和Haily到球场看球的事情。他们所关注的是球队所属的单位，是打球的人有没有他们认识的朋友和同事。要是没有，可能就是NBA的比赛，他们也不见得就愿意放弃逛商店的时间来看这些眼花缭乱的东西。我自己现在也是这样，碰到什么好的比赛也很难坐下来认真地看电视转播，更不会到球场去看了。因为我觉得没有我关心的人，有时间不如我自己锻炼下身体。但如果是公司自己组织的比赛，情况就大不相同了。我们是一个整体，对集体和同事漠不关心的人，工作起来一定不是一个好的员工。

记得孙总刚回北京的时候，大家还不了解。当时，总公司在一局组织篮球邀请赛，举办者问我，如果请孙总，孙总会来吗？我根据在香港的经验说，如果孙总没有特殊的工作，他一定会来的。孙总很忙，但孙总还是来了。因为作为一个企业的老总，他绝不会仅仅把它看成一场简单的篮球比赛。这里好像又重复了体育的目的。正因为孙总和郭书记把比赛看成弘扬企业文化和增强员工凝聚力的一种方式，所以，他们推迟或调整了一般的会议，也要参加这种员工的盛会。

运动员的风格

去年正月十五左右，偶尔在电视里看见了欢乐总动员的一幕，很有意思。节目表现的是几个四五岁的孩子，被要求走过一段晃晃悠悠的绳桥。叫我感兴趣的是，这几个孩子作为运动员，有各种各样的表现形式。一个相貌不扬，几乎不说话的孩子，在上了叫大人也有些紧张的绳桥时，竟然用最快的速度走过了绳桥。而一个又活泼又伶俐的孩子，在主持人问怕不怕时，满怀信心地说："我什么都不怕！"然而，当她走上绳桥的时候，紧张得一步都迈不出去，号啕大哭起来。

运动员的比赛风格是不同的。现在好像一提运动员，就一定要张扬、要有霸气才是好运动员，这其实是误导。张扬与霸气同士气和自信心不是一回事。士气是一定要有的，自信心更是要有的，对胜利都没有信心的运动员，胜利的机会一定会打折扣。但是自信心仅仅是打好比赛的一部分，基本功、临场发挥和战略战术，还是关键的因素。张扬与霸气或者是运动员的性格使然，或者根本就是高明和拙劣的运动员在做秀，作为他们对手的好运动员是不会受到影响的。最典型的例子莫过于这次奥运会的女排决赛了。在中俄女子排球决赛的第五局，俄罗斯的教练卡尔波利像一只雄师一样怒吼，而我们的陈忠和，满脸微笑，不愠不火，从容淡定，结果我们是知道了。说姚明有霸气，得到一致的好评，我觉得那是媒体在误导。赢了球，得了不少的分，眉飞色舞，"不知手之舞之，足之蹈之"，很好。但是被别人盯死的时候，发挥失常的时候，得不了分的时候，输了球的时候，霸气到哪里去了？尤其不可以接受的是对同队队员怒吼，毕竟他大声喊的不是"我打得不好"！恳请姚明迷们忍耐些，我没有否认姚明是个好孩子。打球，打的是球，看的是运动员运用诚信手段得到的比分和结果的过程，如果被某种表现方式所迷惑，则是买椟还珠，舍本逐末了。

其实所谓比赛，就是要不受外界的影响，努力克服自己的短处，勇于发挥自己的长处。最忌讳的是用自己的长处比别人的短处，那样虽然越比自信心越强，但越比越飞扬跋扈，也越远离实际，输掉比赛的可能性也越大。而用短处去比别人的长处，则会畏首畏尾、英雄气短，有的运动员甚至用非常的手段造成不能参加比赛的假象，成为一个十足的懦夫。

田忌赛马与兴奋点

记得有一次拔河比赛，改革后的总公司办公室以“老弱病残”之躯，赢得了冠军。而某个部门人数众多，参赛的选手是一帮生龙活虎的小伙子，却屈居亚军。决赛是三局两胜制，绝无侥幸。其实，胜利的道理很简单，一是合理地分配资源，二是适度地调控比赛的节奏和参赛队员的情绪。比赛进行中，凡是觉得基本可以战胜的队伍，力量稍强的主力队员保留了一些，不尽数上。而且拔上一两局，就换下来歇歇。这样，就把力量放在了最后的争夺。某部门的队伍年轻力壮，但从开始就把力量全部用上，到决赛的时候，已经是强弩之末了。尤其是不停地呼喊、跳跃，像一只只将要出笼的猛虎。用句稍微专业些的话，兴奋点提前了，浪费了，把力量消耗在了不需要的时间和地方。

体育比赛夸奖运动员的时候，有句话叫做“每临大事有静气，”说的就是控制情绪和保持实力。有经验的运动员，在比赛之前会调整自己的时间，会强迫自己休息。没有经验的运动员，会四处走动，东张西望，东拉西扯，消耗自己的精力。控制兴奋点很重要。其实，重大比赛之前，如果不是真的实力增强，就是连赢数场训练比赛，也大可不必洋洋得意，因为有兴奋点提前之嫌。有时候，教练还会适当地调整运动员的兴奋点。不然，到了真刀真枪比赛的时候，就没有兴奋点了。人的兴奋点是生物钟，不是迷信。有的人愿意上午比赛，有的人愿意晚上比赛，都是正常的。一般比赛，尤其是田径比赛，早就知道了比赛的准确时间，按照正式比赛时间培养兴奋点，效果是非常好的。我参加过多种竞技体育，直到现在，我还是认为田径是体育运动里最娇气的。因为它是一切体育运动的基础。也因此在中国获得的全部奥运会金牌中，刘翔金牌的含金量高。如果是百米金牌，那就更加不得了了，那是体育皇冠上的宝石。竞技体育挑战的是人类生理能力的极限，打破世界百米纪录，就意味着人类从诞生的那一天起，奔跑速度又得到了新的超越。而为了突破这个极限，别说训练的时候要刻苦，要精雕细刻，就是比赛前的一些心理和生理上的微小变化，都会影响比赛的结果。相比之下，球类不那么娇气，尤其是两个人以上的项目，回旋的余地就更大了。

开头提的田忌赛马的典故，大家都是知道的。用今天的经济学的观点，这完全是一种资源配置。对于企业来说，就是人尽其才，物尽其用。而且尽才和尽用，要适时适地。尺有所短，寸有所长，适时适地，无往不胜。而心中无数决心大，盲目的排兵布阵，浪费资源不说，结果一定是南辕北辙的。运动员和企业家一样，还是看综合的实力和比赛的结果，不能只是看表现形式。这一点体育比赛就好些，花拳绣腿瞒不了观众和裁判（黑哨除外）。按理企业经营更是实打实的，可太多的不确定因素使评判的难度加大。起码体育比赛的规则是一个，而企业经营的评价体系就比较多，还有人为的作怪。其实，挣了钱，自己心里明白，这是最好的评价体系。然而某些国有企业，不把业绩说出来，光是自己舒服，可能就有被免职的不舒服。于是，最终的目的成为其次，完成指标成了首要的选择。

体育精神

据当年的中学老师讲，鲁迅先生说的费厄泼赖精神是公平竞争的意思。应该说，世界上最接近公平的事，可能就是体育比赛了。但是，现在好像连体育比赛都不是绝对公平的了，因为有黑哨，有兴奋剂。黑哨是裁判员的不公平，这对体育比赛是毁灭性的。兴奋剂是运动员的不公平，除了对运动员的身体有害之外，也使参加比赛的运动员不在同一个起跑线上。这种不公平，使所谓的不屈不挠、顽强拼搏、勇争第一等体育精神一下子成了无所依归的空中楼阁。现在看，体育比赛的基础是诚信，企业经营管理的基础是诚信，调整人与人关系的最基本的原则就应该是诚信。或者把话掉过来说，调整人与人关系的最基本原则——诚信，规定了人类社会的一切道德和制度建设。

规则是不可以破坏的，就是有了破坏的机会，也应该在道德和良心的谴责下毫不犹豫地放弃。不然，就等于改变了体育比赛的根本。比如总公司的篮球赛，本来是想使比赛激烈，可观赏的成分更大些，允许各队引进两名限制年龄的外援。但很多单位为了锦标，破坏了这个规则，使比赛成了外援的比赛。这实际上远离了比赛的目的，甚至会造成负面的影响。因为前边说了，企业的体育比赛更重要的是为了企业的文化，除非我们仅仅是为了热闹，而不是员工的身体健康、精神愉快和团队的凝聚力。

体育精神是值得称颂的。鲁迅先生为什么说跑在最后的人是民族的脊梁？因为，鲁迅先生的观赏角度不同。观众看的是当时的比赛结果。鲁迅先生看的是一个长远的争取冠军的过程。说跑在最后的人是民族的脊梁，不是评价当时的结果，而是说他的这种拼搏精神。有了这种拼搏精神，就不会永远“曳尾于涂中”，终究有一天会取得冠军。而连参与比赛的精神都没有，还没上场就输掉了比赛，就永远不会进步，更不要说冠军了。记者采访刘翔的教练孙海平，问他当时选运动员时，为什么挑上了刘翔。孙教练说，就是看上了他不服输的精神。曾经使总公司很是骄傲了一阵子的中建桥牌队，多次战胜国家桥牌队，靠的是什么，就是体育精神，就是顽强拼搏不服输的精神。

说了半天，还是要归结到企业管理，不然我们就是在浪费时间了。说是商场如战场，其实，也与运动场有着相同的规律和游戏规则，不是吗？

注：此文2004年4月发表于《中国建筑》杂志；
2005年12月刊于《发展》杂志。

奥运日记

答应朋友写奥运日记。本来是想每天都有些感想记下来的，但是最近工作太忙碌，没了那个雅兴，也没了那个时间。作为为自己解脱的办法，忽然想到将那些灵光闪现的感想综合起来，时间上含糊其辞，于是有了下边的方式。

甲日：开幕式

由于开幕式的彩排我已经看过了，在真正的开幕式上已经没有了惊喜。当别人问我感受的时候，我可能和大部分参加的人一样，第一个评论就是“热”！还好的是，我带了一把扇子，看着没有带扇子的观众汗流浃背，觉得很幸运。我的身体算好的，起码比那些晕倒需要救治的人要好。但就这样不停地扇，也有种虚脱的感觉。开幕式好评如潮，我也总体肯定，比如击缶舞展示的倒计时；比如五环的缓缓升起；比如那幅卷轴的贯穿始终，尤其是每个运动员在画卷上走过，使这幅作品成为前无古人的鸿篇巨制。中国元素与电子技术的融合，给了我们特殊的艺术感染。奥运开幕就像中国的春晚，实在是一盘众口难调的菜肴。以现在的效果展现给世人，大家应该满意。至于以人数、整齐和排练时间受到称道的节目，我觉得对于中国那是应该的。三个不满意的地方，一个是觉得李宁的点火创意不够，巴塞罗那拉弓和澳大利亚水火交融的新奇与刺激，还是略高一筹；一个是觉得运动员入场时间太长，要改进；一个是即使夏季的天气，也不应该叫鸟巢达到蒸熟鸟蛋的温度。其实有意思的地方大家都没有关注，那就是运动员入场时中国观众的掌声。我分析了一下，掌声的热烈程度，大概是这样几种：第一，体育强国，比如美国、俄罗斯和德国等；第二，某项体育知名的国度，比如巴西、阿根廷等；第三，美国的“敌人”。观众对这个群体的态度绝对是件有意思的事情，比如朝鲜、伊朗、伊拉克等等。当他们得到比一般的入场队伍更热烈的掌声的时候，不知道在主席台上落座的布什作何感想。有一支队伍没有获得应有的掌声，有些委屈他们，那就是阿尔及利亚。阿尔及利亚政府和人民对中国的友好，不是一天两天了，中国进入联合国阿尔及利亚功不可没。对于在阿尔及利亚有众多项目的中建，光有我们12万人的掌声还是不够的。

乙日：足球的溃败

多年的同窗学友来电话，说要带孩子到北京看奥运，主要是带孩子体会一下奥运的氛围，要求无论如何找两张票。于是，我放弃了小事不麻烦人的宗旨，给在篮协的朋友打了个电话，叫他无论如何让我有个交待。朋友不辱使命，找了两张中国女篮和澳大利亚对阵的球票。至于那场球看着使人糟心，都是个人运气，暂且不表。朋友电话里说，这次篮球不错，篮协有个交待了。我说，那谢亚龙该下课了吧。他说不知道。对于足球，我不能说陌生，因为我的第一个体育项目就是足球，而且它的起始是在当时足球运动比较发达的辽宁。现在到了自己要锻炼身体增强体质的年龄了，所以只要自己能活动，就不看别人的表演了。对于足球的关注，也是东一榔头西一棒，没有现在的球迷专业。当然，在媒体渲染了某场比赛如何重要之后，我还是要关注一下最后的结果。令人遗憾的是，心灵总是受到刺激。我总觉得，中国这样多的人口，国家这样的支持，30年多少次比赛，也该有所作为了吧，但是没有。马拉多纳很有意思。听到观众喊谢亚龙下课，他说巴西的足协主席才应该下课。是，巴西输给阿根廷了，而且惨败。那我们的足协主席该下课多少次啊！足球是个大的产业，这么多人喜欢足球，叫国人放弃足球是不可能的事情。那么既然要做，为什么不做好哪？为什么总叫它这么半死不活哪？这件事真的很难吗？我不在足球界，不好胡言乱语。但是起码的一条知道，就是找到问题所在，痛下杀手。不管是谁是什么制度在有意无意地阻止中国足球的发展，都一脚踢开，用全新的体系、全新的制度和全新的人员来创造中国足球的辉煌。国人对足球的调侃，证明了大多数人对足球的思之深、爱之切。我们当然不希望国足在上游洗脚，给下游造成那么多的生态问题。我们当然更加希望足球、踢足球的人和管理足球的那些人活着，而且得到鲜花和掌声。

丙日：总觉得不对

正在外地出差，从同事的口中得知刘翔退赛的消息。说实话，我很震惊。同事们不了解体育，与其说关注体育，不如说是关注奥运会。而关注奥运会，可能最关心的莫过于刘翔在奥运会田径比赛上的金牌。现在的一个晴天霹雳，叫一部分人无所适从、怨声载道，也是可以原谅的。在中国的运动员中，就我得到的信息，我是佩服和尊重刘翔的。我觉得刘翔很阳光，很睿智，对待胜利和失败的态度都非常人可以相比。但是这一次，我觉得刘翔失败了，或者说刘翔的团队失败了，推而言之，刘翔的主管领导也失败了。作为竞技性比赛的运动员，因为要冲击生理的极限，有些伤病是正常的。但是作为一个优秀的运动员，是会在训练中避免伤病的。尤其是在大赛临近的关头，战战兢兢，如履薄冰，生怕受伤。而现在刘翔受伤了，据说还是陈年旧伤。如果这一切都是真的，那么问题就不是刘翔受伤而退赛的问题了，而是如何处理这个危机的问题了。我觉得，第一，刘翔不应该受伤，如果受伤，就是训练不科学，或者说疏忽所致。但什么事情都有偶然性，已经受伤了，无可非议。第二，在全国人民这样关注的情况下，已经受伤多年的刘翔，应该向全国人民交代清楚，说是被伤病困扰，难以达到巅峰状态，而不是继续他的神话。第三，如果刘翔的伤病时好时坏，不能肯定是否参加奥运，就应该像我们处理西藏事件和汶川地震一样，公开透明，因而得到好评。第四，如果刘翔在做准备活动的时候，已经痛到脚难以承受的地步（如果不是做给全国人民看的），说明事先已经知道不能跑了。那么，召集了全场9万1千名观众，汇聚了全世界的媒体，吊足了13亿充满爱国热情的中国人的胃口之后，无论以什么方式离去，都是对人的一种不尊重。我还是肯定刘翔是我们最好的运动员，是我们中国人的骄傲，也相信他会有更好的成绩。我不愿意相信刘翔由于心理不过关而临阵退缩，运动员不会的。我也不相信刘翔是为了商业利益，受到了某种潜规则的摆布，刘翔见过钱，不会的。我要说的，是当金牌如雪片一样飘落的时候，我们处理危机公关的能力一定要提升上去。那时候，就不会是全国哗然，而是举国泰然。

丁日：谦虚更伟大

说实话，我对百米冠军博尔特在破纪录时候的搔首弄姿没有什么意见，那是他的表达方式。但是见到今天的消息，说国际奥委会主席罗格对博尔特提出了批评，说他不尊重其他的运动员。对于罗格的严格要求，我同样赞同。一个好的运动员，一定是一个人格完美的人，成绩不能代表一切。这几天关注奥运的消息，有的采访说，一些教练在培养运动员的时候，同时也在培养运动员的人格和人品，我举双手拥护。在美国执教的体操教练乔良说，获得体操冠军的肖恩·约翰逊，在技术上体现了美国的力量也体现了中国的技巧；在文化上，他们在具有美国文化的同时，吸收了中国的文化。在网球界，我觉得顶尖的高手，世界排名第一和第二的纳达尔和费德勒，真是运动员的典范。费德勒作为保持世界第一宝座230多周的大师，永远是宠辱不惊，彬彬有礼。而这几天纳达尔对传媒说的一些话，更使我对这个西班牙小子充满敬意。媒体说，今年年初，西班牙电视台采访了费德勒的母亲，这位母亲说"虽然纳达尔和我的儿子是网球场上的竞争对手，但我很喜欢这个西班牙小伙子。他不仅年轻，技术和身体素质都说明他前途无量，最难能可贵的是他对别人的尊重，是他的谦虚精神，我相信他将成为世界第一。"纳达尔荣登世界第一的宝座之后，他是这样评价费德勒的："不要把第一第二看得太重，现在也不是将我俩进行比较的时候。毫无疑问，从网球的角度来说，费德勒依然比我强，它依然是世界上最杰出的网球运动员。他的天赋，他的娴熟技术是他的扣球点变幻无穷。他也懂得应付比赛场上劣势。费德勒是无可指摘的。"这就是纳达尔。对网球领域熟悉的人都知道，在费德勒称雄的年代里，纳达尔对费德勒保持着胜多负少的战绩。尤其是在红土场馆，纳达尔更是所向无敌。虽然他的综合排名不如费德勒，但是作为崇尚表现文化的外国人，年少轻狂一下，没有人会过多地指责。运动员虽然是个特殊群体，但只要是人，谦虚和尊重别人都是胜利的基础。

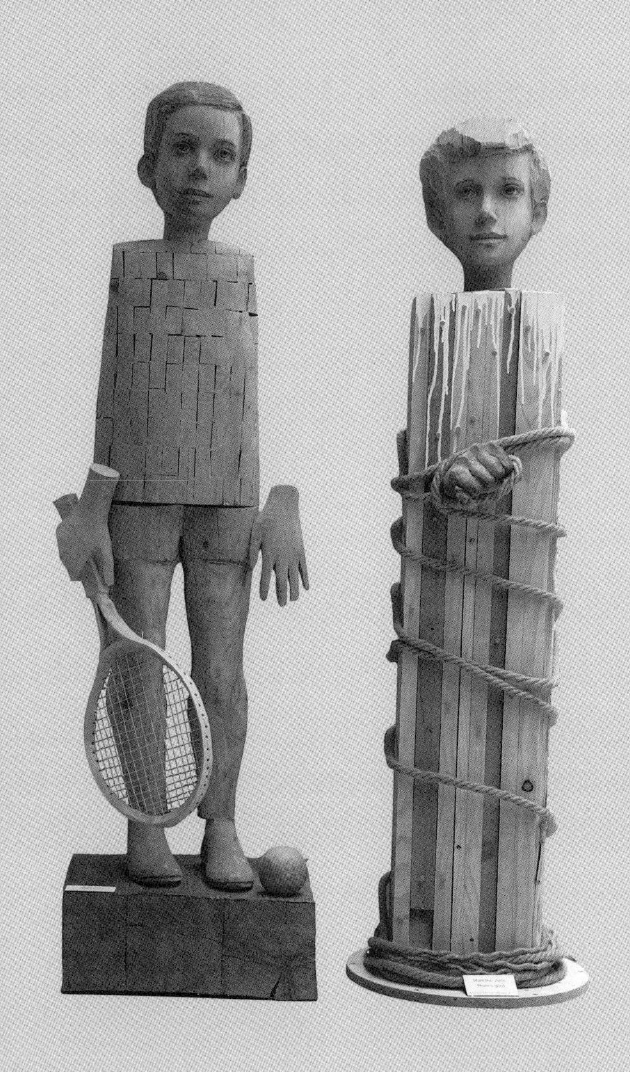

戊日：弱智之举

果然不出我的所料，在网络上见到消息，说8月18日晚10时多，中国田径队主任罗超毅接受央视采访时表示，对于刘翔的伤情，“我们讨论过一次，第一是保持低调，不要张扬。这是一种信心，讲得更直接一点，是给对方压力。所以我们不能先说自己不行，在大赛之前长别人的志气，灭自己的威风，这是不明智的考虑。所以多大的困难，我们都自己解决掉，但在对手那里一定有威慑，哪怕不行，我也说行。就是这样一种基本的判断，不能说现在自己不行，别人就会更嚣张。”这种理由和逻辑，真是叫我目瞪口呆。刘翔已经不行，还要威胁谁？给谁施加压力？应该说，这样的处理不是信心的表示，而是没有信心的表示。这种方式是解决问题吗？怎么还有多大困难自己解决掉的话出来，真是好笑！前段时间的电视剧《亮剑》，据说题目来源是剑客相遇，不管实力和胜败与否，都要拔出剑来。说实话，我总觉得有些怪异。拔出剑来，精神是好的。但是毛主席老人家说得更好，打得赢就打，打不赢就跑。跑不是害怕，而是积蓄力量，适当的时机，致敌人于死地。当然，如果必须战斗，实力相当，狭路相逢勇者胜是有道理的。中国田径队的做法，有些皇帝的新衣，以为别人害怕。其实，大家对刘翔退赛之所以有猜疑，就是因为罗伯斯成绩太好，怕刘翔压力太大，承受不住。按照外国人的心态和罗伯斯的一些言论，该是人家吓唬我们才是。再者说，最近罗伯斯表现的态度就比中国田径队好多了，听到刘翔伤病，人家还出主意说，要刘翔找个女朋友，有个倾诉对象，缓解一下压力。中国田径队有些小人之心度君子之腹了。自己做了小人，害得中国人跟着吃瓜落，确实有些丢人。

注：2009年4月21日《时代商报》，国际田联高级讲师、中国田径队总教练冯树勇，在刘翔北京奥运会因伤退赛8个月后，首次公开承认“刘翔事件”是整个训练和保障团队出现失误。他还表示，即便刘翔没受伤，在面对古巴小将罗伯斯时也不能说“百分之百地有夺金把握”。

己日：运动生命

对于本届奥运会，除了那些出尽风头的适龄的金牌获得者，我最佩服的莫过于张宁、王楠等一班到了年龄还在为中国的体育事业奋斗的“老”运动员。张宁伤病累累，王楠甚至得了癌症，他们不容易。如果加上外国运动员，我知道的就是德国的“体操奶奶”丘索维金娜。她是与李宁同时代的运动员，33岁了还征战在奥运赛场，跟16岁的小妹妹同场竞技，居然还斩获了银牌。据说，这都是为了给她身患白血病的儿子挣取医疗费。报道说，李宁还为他捐了款，中国人有同情心，真是好样的。由此，我想到了运动员的运动生命。瑞典的乒乓球运动员瓦尔德内尔，和我们的六届运动员同台，是乒坛真正的常青树。而我为什么佩服张宁和王楠，就是因为我们的运动员的运动生命都太短暂了。不在奥运会的围棋，也能充分说明问题。我们的棋圣聂卫平，不到40岁，就不在一线征战了，而人家日本的坂田荣男、藤泽秀行，都七老八十了，还在征战不息。要说缘由，除了聂老个人身体的原因，与我们的环境和文化有着极大的关系。围棋泰斗吴清源有个“不二兔”的座右铭，他也将这句话送给了中国运动员，意思是一个人不能同时追逐两只兔子。我们的运动员，一旦成名，仪式增多，应酬增多，搞得心里不静。这种状态的直接后果，就是运动生命的缩短。其实，各项运动都有它们的比较适合的年龄，完全违反人的生理规律也不现实，但是外国运动员做到了，我们有的运动员也做到了。我想，将我们的运动员的太短的运动生命恢复到正常，应该是可行的。当然这种可行，要有国家的机制体制和文化氛围作为支撑。听人家说，国足的失败，可能和太商业化有关。球员都挣到了他们不该得到的报酬，谁也不愿意为了没有钱而只有国家利益的比赛卖力。一旦受伤，损失更大。而得到金牌，获取国家的奖励，对于国足，就像九天揽月一样。由此想到，运动员的运动生命还真不是运动员个人的事情，它是包括运动员、教练员、体育管理人员、运动员家人以及该项目的发展、国人对该项目的重视、社会文化环境等等的一个系统工程。

庚日：成熟的谷穗是低头的

消息报道，牙买加短跑运动员博尔特受到罗格主席批评的庆祝方式回国后不但没有受到批评，还受到了主管官员的表扬。我倒没有因为毕竟有人同意我的意见而沾沾自喜，反倒是觉得有必要思考一下运动员的表现方式。当然，古巴跆拳道运动员在奥运会受到不公待遇后而将裁判当作对手施以拳脚的行为，受到我们的革命元老卡斯特罗的肯定，我们是不赞同的。但是一个运动员只要不侵害其他运动员的生理和心理，不伤害观众的感情，有些过激的行为，还是可以接受的。有的时候，甚至也是引人一笑的插曲，或者为体育记者增加一些题材。夺得男子举重56公斤级金牌的运动员龙清泉，天真如水，淡雅如花，一颦一笑，像个孩子，而且是个女孩子。就这样一个运动员，不是也拿了冠军？而我们的女子跆拳道49公斤级金牌获得者吴静钰，站在赛场上，活脱脱一个男孩子，攻势凌厉，着着致命。我还是觉得当初我们的传媒总在宣扬的所谓运动员霸气是有问题的，没有真本事的霸气，是拉大旗作虎皮。赞助博尔特的企业彪马公司说得就好，与运动员的成绩相比，他们更加重视运动员夺标的方式和风格。8月17日，男子步枪50米三姿比赛中，继在雅典奥运会上最后一枪打错靶而把金牌拱手让给中国射手后，美国射击名将马修·埃蒙斯再度失常"送"给中国一枚金牌。民调评出最受敬佩的非冠军运动员马修．埃蒙斯，得票率高居榜首，是39.4%。听了埃蒙斯夫妇对于冠军的理解，你就会觉得他们确实是真正的冠军。他们说，冠军有三层含义：一是比赛的成绩，二是一贯的成绩表现，三是面对胜利和失败的态度。写到这里，我的思绪跳出了体育，我想，这些优秀的运动员，对体育的感悟，真是上升到了哲学的高度。体育如此，人生亦如此。

辛日：宽容

尽管刘翔对国人的刺激很大，但这次中国人还真成熟了。网上的调查显示，对刘翔表示理解的占到大多数。而在女子射击选手杜丽获得金牌后，记者采访她，她也说，四天等于四年。这话是真实的。而短短的四天就调整好状态，夺得金牌，确实不容易。这不容易里边也包含着国人的宽容。可能杜丽没有刘翔那样招风，但是没有拿到第一块金牌，失误确实不小。尤其是国际奥委会主席罗格已经亲自到场，准备为中国的第一块金牌发奖了。老百姓还好些，国家体委的官员们可能要恼火得多。如果我们的官员和舆论对杜丽勃然大怒，很难想像杜丽可以再次得到金牌。宽容并不是无边的放纵，而是对于某件事发生时各种状态的理解。体育运动中有句话叫做失常，失常就是不正常。但是对于一个运动员来说，在他的运动生命中时有失常，又是完全正常的。生理和心理的状态、训练和比赛的强度、住宿和伙食的情况，都会造成运动员成绩的波动。高尔夫球运动的差点设计就是计算运动员水平的一种方式。因为运动员比赛的时间地点环境对手都是不同的，一场比赛的成绩并不能完全地说明他的水平。所以，某一天打得特别好，但是不要高兴，到了最后一个洞，也可能因为差点出来而输了全场比赛。这是正常的，因为你的成绩就是这个水平。而当你处理好了一切疑难问题，包括顺风顺水的运气，那就是超常发挥了。看一项运动，看一个运动队，要总体地看，不能用一场比赛来肯定或者否定。国人对他们的态度，或者说宽容，减轻压力，有益发挥，也是运动员或者运动队取得好成绩的一个重要条件。

壬日：民族精神和大的广告

接连接到短信，估计这短信也传遍了半个华人世界。说国际奥委会主席罗格鉴于中国奥运会组织得好，在闭幕式上正式宣布：下届奥运会还在北京举办。结果，全场观众晕倒一半。这短信是个玩笑，但玩笑并不反动。前一句话，在奥运会还没有结束的时候，就看出来我们的奥运是历史上最好的，独具慧眼。后一句说观众晕倒一半，言外之意无非是我们全国人民为奥运会付出了巨大的劳动。那么花费巨资，付出巨大劳动，承办奥运会值得吗？答案是肯定的，毫无疑义的。最近看了一些网上的评论，各有角度，都非常好。有的说北京奥运会遗产是将增加中国国民幸福指数，中国为之付出诸种努力也将渐次得到珍贵的回报。有的说中国告诉了世界八大关键词：开放，文明，包容，守信，活力，和谐，自信，进取。有的说无论从规模或内容上，奥运文明礼仪活动，都是近代以来相当大的一次文明礼仪运动，影响波及全国。有的说奥运带给中国和北京的，也许就是一种大都市文明。还有的西方人认为，北京奥运会给中国提供了这样一个机会。数十万境外游客和近三万名记者云集中国，除了看比赛，也有意无意地观察、品味、理解着中国的社会、经济、政治、文化。也有西方人说，奥运“彻底颠覆了我对中国原有的概念和印象，中国的正确形象应当是：文化和历史的底蕴极为厚实，国力相当殷实，科技日益发达，百姓的心态平和而健康”。标准答案当然是中国国家主席胡锦涛8月1日在接受国际媒体联合采访时做出的回答。他说，“北京奥运会的精神遗产更为持久、更为宝贵，这种精神最重要的有三个方面。一是弘扬团结、友谊、和平的奥林匹克精神。二是实践绿色奥运、科技奥运、人文奥运理念。三是促进世界各国文化的相互交流、相互借鉴。”总而言之，曾经让西方人感到陌生、神秘、遥远的古老中国，通过北京奥运会与世界拉近了距离。那么，我斗胆总结下来，一个是内部精神的激励，一个与外部信息的沟通。内部精神的激励就不说了，外部信息的沟通，叫来中国的那么多人了解中国，然后他们再将他们了解的情况告诉没有来中国的人，辐射开去，效果好得不得了。消除偏见，了解中国，无论从社会、政治、经济和文化各个方面，对中国来说都是多少钱也买不来的广告。落脚点用广告来形容，可能太功利了，但是实话实说，没什么不好。

癸日：闭幕式

体委棋牌中心朋友说要带队出国比赛，闭幕式希望我代他去。我考虑了下，还是答应了，但是对朋友说："心存畏惧"。最恐惧的两件事，一个是热，一个是结束以后的退场。也是为了这个缘故，我8时准时入场，当多明戈和宋祖英开始他们的演唱，我就离开会场了。最初害怕人家说对奥运不尊重，很是坚持了一阵子，等我出了会场才发现，外边的人比里边的人一点不少。等人们汇集到地铁的时候，已经是百川纳河了。由于开幕式的震撼，可能大多数人对闭幕式没有更大的期待。我个人觉得那些彩布拉起时的视觉冲击，还是很刺激的。至于升起来的塔，人们在上边攀来跑去，好像和开幕式地球设计有些重复。至于那些穿着闪亮衣服的演员，还是不出来更加好些。闭幕式应该另辟蹊径，不然人家以为中国人江郎才尽了。其实，叫我最为震撼、最为感动的还是当中华人民共和国国歌响起来的时候。因为参加了开幕式，时间仅仅过了16天，声音分贝的对比还是很强烈的。开幕式上，人们更多的是兴奋、期待，声音在庄严中有几分凝重。还有一些人默默地注视着国旗，嘴角轻微翕动。说实话，在那段时间里，我想的更多的不是我们的金牌，不是我们运动员的成绩，而是我们的蓝天，我们的服务，我们的安保措施。我们会不会将一切奥运反对者，包括那些丧心病狂的恐怖分子的丑恶行动，遏制在初始状态。而在闭幕式上，当一切忧虑烟消云散，中国将这次"真正的、无与伦比的"奥运会呈现给世界的时候，人们感觉更多的是骄傲，是光荣，是梦想成真的喜悦。当闭幕式国歌响起的时候，全场已经处于一种亢奋的状态。国旗渐渐升起，人们的声音越来越大，几乎我身边的每个人都放开喉咙随着音乐同声歌唱。那声音确实使人震撼，使人感动。在这喜悦的海洋中，在这歌声的荡漾里，你会深深地体会到作为中国人的自豪。这歌声传达出一种信念，那就是中华民族是伟大的民族，中国人要做的事情，就一定会成功。不光是今天，更重要的是明天。

注：此文写于2008年奥运期间。2010年1月发表于《发展》杂志。

读书笔记

一，《幽梦影》

偶得台湾正中书局印行的英汉对照《幽梦影》，甚喜。书系明人张潮所著，林语堂英译。文皆为语录体，随手翻检，颇有收益。今择数条于后，缀以所思一二，公诸同好。

“人莫乐于闲，非无所事事之谓也。闲则能读书，闲则能遊名胜，闲则能交益友，闲则能饮酒，闲则能著书。天下之乐，莫大于是。”此闲非彼闲，彼闲闲散也。我理解，此闲的核心，是自己能够支配时间，能够将时间花在需要和喜欢的事物上。张潮天资聪颖，有大学问，有好朋友。然累试不第，若进士及第，不知对闲作何感慨。

宋朝无门和尚的名句“若无闲事挂心头，便是人间好时节”，是劝人丢掉烦恼的，似乎与张潮所提诸事无关。其实，那些在职场上奔波的人们，某一天睡到自然醒，全无时间的羁绊，“天下之乐，莫大于是”！

“阅水浒传，至鲁达打镇关西，武松打虎，因思人生必有一极快意事，方不枉在生一场。即不能有其事，亦须著得一种得意之书，庶几无憾耳。”

张潮从慕功名到真学问，转型成功，寥寥数语，道出了他的人生轨迹。国人的大悲哀是，把官位看得太重，除了金榜题名，衣锦还乡，就没有别的可以大快朵颐。记得香港有位很有名望的企业家讲过一件事，说有两个同学，一个热心公益，囊中羞涩，一个因潜心商业，家财万贯。他感慨，商人是成功人士。然春兰秋菊，各有所好，为理想而努力了，为事业而奋斗了，即为快意事，即有得意书。

“一介之士必有密友。密友不必定是刎颈之交。大率虽千百里之遥皆可相信，而不为浮言所动，闻有谤之者，即多方为之辩护而后已。事之易行易止者，代为筹划决断，或事当利害关头有所需而后济者，即不必与闻，亦不虑其负我与否，竟为力成其事。此皆所谓密友也。”

春秋时的管仲和鲍叔牙不知是否结拜过，比之密友，无可非议。三国时的刘关张，八拜之交，情同手足，义属兄弟，似可在此列。革命导师马克思和恩格斯是被人们极度称赞的革命同志，密友之称似不足以形容。

其实，朋友已足够，过密，似有违“君子之交淡如水”的古训。过密，定有密的道理。或琴，或棋，或诗，或画，或酒，或性情，或志向，或蝇营狗苟，必有一载体。然各人有各人的做人原则，由一具体载体而波及其他，成为密友，多有人在；而死守一琴，一棋，一诗，一画，一酒，从不言及其他，亦不乏其人。

“镜不幸而遇嫫母，砚不幸而遇俗子，剑不幸而遇庸将，皆无可奈何之事。”

读罢，意犹未尽，忽一言浮上心头：“马不幸而遇伯嚭”。思之再三，面有得色。

“大家之文，吾爱之慕之，吾愿学之；名家之文，吾爱之慕之，吾不敢学之。学大家之文而不得，所谓学鹄不成尚类鹜也；学名家而不得，则是画虎不成反类犬矣。”

我记不准是哪位学人评价过大家与专家的事了，好像是俞平伯。大意是大家既博且专，专家只专不博。张潮所谓名家，似是又一序列。大家可隐于市井，无人知晓；名家亦可有名无实，不博不专。今之世犹甚也。

其实，类鹜与类犬倒有一辩。类鹜者，取法乎上，仅得其中，是失败者；类犬者，种瓜得豆，且画犬画出虎之神韵，妙哉！

（2001-5-2——2018-3-8）

《一笑亭记》

明人吴廷翰《一笑亭记》有段文字颇为有趣，曰：“客从一笑先生于亭上，不笑亦不语。先生一笑，客亦一笑。先生一再笑，客亦一再笑。先生乃视客一笑，客视先生亦一笑。于是乃复相向大笑，竟不语。先生以客为知己也。”今人周国平《徘徊在人生的空地上》亦有一段文字从另一个角度谈了这个问题。他说：“在不能共享沉默的两个人之间，任何言词都无法使他们的灵魂发生沟通。”几百年前的客与先生终于还笑了，而现代人的标准是连笑也没有。我以为，事情的核心是礼貌问题。礼貌是人生的装饰品，是人与人沟通的润滑剂。相知甚深，可彻夜长谈，亦可相对无言。完全可以不顾忌友人的状态，则已达致灵魂沟通的境界。这时，礼貌已成蛇足。举案齐眉、相敬如宾大约是做给人看的，如果这种行为完全融入生活，也是一种默契，累与不累也就自己知道了。否则，只能说他们并不了解，礼貌成为一种粉饰。

（2001-3-12——2018-3-8）

《浮生三记》

台北九歌出版社2001年初版，沈君山先生著。《不畏浮云遮望眼》是他写给徒弟施懿宸的信，其中有段话："宋朝有位大政治家王安石，做过两句诗：'只缘身在最高层，不畏浮云遮望眼。'我常常把它改四个字，送给特别聪明，特别漂亮，或者特别有权势的朋友：'莫因身在最高层，遂教浮云遮望眼。'意思是，不要因为自己高高在上，便让浮云遮住了望眼——因此，看不清脚下的真实世界是什么了。"估计为了配合他的修改，在引用时也颠倒了诗句的顺序。我理解，王老先生的意思是，因为身在最高层，所以有看穿浮云的视野、胆识和战胜困难的手段，从而无所畏惧，表达了一个面对险恶环境的改革家的胆识和自信。沈先生的修改，则充满了劝慰的意思，告诫那些具备优越条件的人士，站在山头，是位置好，聪明、漂亮、有权势，并不证明就有一双千里眼，一定要了解真实情况，要接地气。然而，对这种因果关系似可吹毛求疵。第一，能在高层，必有在高层的道理，或天生丽质、宰相家人，或寒窗苦读、戎马倥偬，不一定都在最高层被浮云遮了望眼。第二，山根、山中和山顶，都会有浮云，不聪明，不漂亮，没有权势的人，也有为浮云所误的可能。除了对个人的影响，正因为其位置低下，对社会的影响可能会更小一些。第三，王老先生的意思里，还有因为身在最高层，不怕被遮，遮也遮不住的意思。沈先生的意思里，高层与被遮成了必然。

沈君山先生是台湾四大公子之一，物理学家，热心公益和社会活动，善文章，顶尖业余围棋棋手，世界级桥牌大师，曾任台湾清华大学校长。我总在想，这么聪明的脑袋，时间是怎么分配的。八九十年代，每次参加尧舜杯世界围棋赛，都听他讲如何下围棋与富豪赌输赢，按目收费，养大吃肥，为台湾清华大学赢得巨额费用的故事。

人要是行，好像什么都行。

（2001-4-9——2018-3-9）

注：尧舜杯世界围棋赛，八九十年代由中国建筑工程总公司、中国和平统一促进会和中国围棋协会主办的世界华人业余围棋赛，吴清源、应昌期、沈君山等围棋活动家和棋手均参与和参加了比赛。

英灵永在

2003年5月26日至6月6日，中国建筑第八工程局梁新向局长、总公司海外业务部唐铁志总经理、装饰业务部刘昆仑副总经理、海外业务部舒青同志和我一行五人，受总公司领导委托，组成小组赴阿尔及利亚工作，主要任务是慰问地震期间受伤和坚持工作的员工、处理死难同志的善后事宜、检查工程质量和部署余震的防护措施以及作好今后的市场调查和分析。甫回京，《中国建筑》杂志编辑温军同志即来索稿。由于此次阿国地震中建总公司有9位同志遇难，故受到传媒的一致关注，多名记者跟随我国搜救队飞机到阿国现场报道，中建总公司所在地北京和八局所在地上海亦受到传媒的深入跟踪，消息全面翔实，已无可补充。敬呈在阿照片数幅，辅以简要文字，寄托我们的哀思，告慰死难同志的在天之灵。

废墟

2003年5月21日19时45分（当地时间），阿尔及利亚首都阿尔及尔发生里氏6.7级（美国地震局测定）地震，震中在阿尔及尔以东约60公里。八局施工的工地距离震中约30公里。八局项目部在工地边租用的阿尔及利亚当地公司修建的6层宿舍楼倒塌。该楼住有员工41人，地震时部分员工外出幸免于难，遇难9人，受伤9人。废墟所示为该楼原址，由于搜救原因，废墟已清理完毕，瓦砾为随后移至该处。在施工程为八局承建的项目。

追悼会场景

阿尔及尔布迈丁公墓是阿尔及利亚最好的公墓。按照阿尔及利亚实行土葬的风俗习惯，公墓里专门有一个角落埋葬在阿去世的中国人。总公司经理部和八局项目组与公墓管理人员磋商，专门选择了一块绿树成行浓荫垂地的风水宝地。追悼会的布置刚刚有个眉目，公墓的管理人员就找到我们的同志，说这样的规模和这样的场面他们公墓从来没有过，能不能他们也做个录象。我们同意了。

公司旗覆盖的棺木

站在一字排开的9具棺木前，看着洁白素雅的总公司旗帜，我们的心灵受到从来没有的强烈的冲击。想起出发前孙总接见工作小组时声音哽咽的部署，想起青林书记要求在使馆领导下认真检查施工质量，向祖国人民和阿尔及利亚人民交上满意答卷的嘱托，我们可以骄傲地告慰9位遇难同志和全世界的是：中国建筑工程总公司20年来在阿尔及利亚建造的房屋没有一间倒塌。

大使讲话

追悼会原来预定150到200人，结果我们的员工、兄弟公司的同志和阿国友好人士将近400人参加了会议。中华人民共和国驻阿尔及利亚特命全权大使王旺生同志和阿尔及利亚有关部门的贵宾参加了追悼会。

在完成预定的程序，正准备最后的告别仪式时，王旺生大使说他要讲话，于是，他拿出预先准备好的稿子，代表祖国、代表人民，对地震中死难的同志给予了沉痛的哀悼和高度的评价。

哀思的女孩

追悼会最激动人心的一幕，是受伤的9位同志出现在告别的人群里，出现在即将落葬的棺木前。生死一瞬间，看着他们朝夕相处的同志转眼之间撒手人寰，恍如梦境。我当时在为参加追悼会的贵宾送行，远远望见这一幕，却无法用照片记录下来，靠在树边久久不愿离去的女同志表达了我们此时此刻的心情。毛主席说过：他们擦干身上的血迹，掩埋好同伴的尸体，又继续战斗了。我们会战斗得更出色！

行李

5月29日，中国搜救队的回国飞机下午5时起飞，约下午3时我们就到了机场。我们有4位受伤同志同机返国治疗，9位死难同志的遗物也将同机送回。在宽大的候机大厅，9件行李静静地摆放在那里。“其人虽已没，千载有余情”。遵照家属的意愿，我们还将带回死难同志的部分指甲和头发，以资纪念。

想到有这么多的同志为了总公司的海外事业长眠于异域他乡，我们唯有奋发有为的工作，唯有建功立业的成就，才可以报效祖国，才可以安慰死难的同志。

经理部新的办公室

慰问与工作小组5月27日下午4时抵达阿尔及尔，直奔经理部召开会议。会议期间，发生5点2级余震，隆隆的声音由远而近，房屋颤簸摇晃。其后，又发生了2次5点8级的余震，小震百余。随后，工作组对员工住宅、办公室和施工现场进行了排查，督促落实预防余震的措施。

注：此文2004年5月发表于《中国建筑》杂志。

小议尊重

同女儿去吃饭，是一个涮羊肉馆。落座，还未点菜，女儿说，“我不喜欢桌上这句话”。定睛一看，桌上放了一个塑料牌子，有两个烟盒大，上边写到，“尊敬的各位宾客：请不要自带酒水和饮料。在这个世界上只有尊重别人，才能得到别人的尊重”。看后，心里也不是滋味。好在我从来不带酒水饮料到饭馆，北京话，“不吃心”，可总觉得这话不是这么个说法。其实，有头一句话就足够了，这句话，大家的位置是平等的，如果您不知道的话，我提醒您一句。看了第二句话，就觉得店家有些小心眼了，好像人人都有“带”的嫌疑，而且人人都带了，它要告诉人们，“你不尊重我了”。而且言外之意，带了的话，不要怪我不客气，我要不尊重你了。店家这句话的最大的毛病就是先把自己放在了小人的位置，以小人之心，度君子之腹，店家先不尊重自己了。仔细想想，店家肯定是出于一种好意，而且是在倾心地很深沉地创造一些文化的品味。说不定这句话还是出于哪个名人之口呢。只可惜店家有些修养不够，结果弄巧成拙。往开来想，觉得生活中这种事情并不少。像这个店家那样，以“尊重”为由头，却懵然不知地做着不尊重别人的事的人，实在不是少数。奥运申办下来了，据说北京投资1800亿改善我们的城市，真是让人振奋。可如果不从现在起就抓紧我们的“软件”，就要贻笑大方了。前一段网上有报道说，我们北京人有“随地吐痰”等小毛病，仔细想想，还挺贴切。其实，我们就是过惯了互相猜忌，互不尊重的日子。记得有一个笑话讲一条狗，对着镜子里的狗叫，那条狗也叫；对着镜子里的狗瞪眼，那条狗也瞪眼。最后，它累了，冲着镜子里的狗笑了笑，结果，那条狗也笑了笑。我无意骂人骂己，只是想利用这个笑话告诉人们，我们都是环境的一部分。就拿一件小事比方，如果我们都像外国人似的，早上见面，认识的和不认识的，都能带着笑容客气地说声“早上好！”，而不用板着面孔死盯着电梯液晶板上那慢慢变化的数字，我们每天一定会有个好心情。

2008年，说长就长，说短也短。提高修养，净化环境，让老外们高高兴兴地来，高高兴兴地走。为了奥运会，也为了我们自己。

注：此文2001年发表于《中华建筑报》。

也谈『大智若愚』

2002年9月12日《大众科技报》有一篇文章叫做《谈大智若愚》。大概意思就是老子所谓的“大智若愚”，不是说真正大智慧的人看起来就像很愚笨的人一样，而是说这个人本来有很高智慧，但却故意装得像愚笨木讷的人。

《汉语成语大词典》上说，“极有智慧的人不露锋芒，表面上好像愚笨。语本《老子》四十五章‘大直若曲，大巧若拙’。宋苏轼《贺欧阳修致仕启》：‘大勇若怯，大智如愚。’也作‘大智若愚’”。《辞海》也基本是这个解释。这样，我们就知道了，老子根本没有说过“大智若愚”这个词，是到了苏轼，才套用老子的句型说出了“大智如愚”。而在《老子》第四十一章，也有类似的句型：“大方无隅，大器晚成，大音希声，大象无形。”等等。老子这一类表述的意思是在说明一些辩证法的道理。比如我们看地平线，从地球的角度，它是曲的；对我们人的眼睛来说，它却是直的。即使老子真的在第四十五章说过这句话，从老子叙述的逻辑来说，他在讲述哲学上的道理时，也没有必要突然地讲述一些具体的事情。因为按作者的理解，老子的这句话放在这里，没有上下文的关系，有些前不着村，后不着店。

当然，诗无达诂。上古的文章，很难说今人谁的解释更接近事实。文中提到孙膑和华子良的两个例子，却实在不是什么大智若愚的典型例子，他们的作法只是为了达到目的的一种手段。在这两个例子里，对信仰和意志力的要求胜过对智慧的要求。

据我的理解，《汉语大词典》的解释是正确的，而作者“故意装得”的解释有两个地方理解有误。

一是大智慧的人的“愚”不是装出来的，是自然的流露。第一是用自然的形态展示出来，第二是用浅白的方式表现出来，第三是用平静的心境流露出来。如果要刻意追求，那就假了，不是大智了。因为区区雕虫小技，大智者掌握，愚者也掌握，要愚皆愚，要智皆智，无从谈起“若愚”的状况。

二是大智若愚的“愚”是没有目的的，这是个绝对的分界。其实在上边已经说到这一层意思了，而文章列举的两个例子是目的性很强的手段。

对成语做出新解，无可厚非。可是我觉得作者的解释有些离谱，说到“大智若愚”，还是回到“极有智慧的人不露锋芒，表面上好像愚笨”的正解上来得好，不然会误人子弟。

注：此文2002年9月发表于《中华建筑报》。

团结·和谐·快乐·创新

——写在猴年伊始

孙文杰总经理在安排2004年工作时，提出要抓好团结和创新的氛围；张青林书记在春节前会见总公司老领导时，提出总公司要营造团结、和谐、快乐、创新和充满创造力的氛围。这是总公司工作会议提出工作目标和工作措施以后，总公司领导对今年工作在企业文化和方式方法上的明确要求。

团 结

团结是合力的源泉，团结是氛围的基础，而团结的一个重要元素就是要互相尊重。春节期间，吴阶平同志在接受中央电视台采访时谈到了团结，他说，团结就是一种奉献。细想，奉献是尊重的延伸。因为尊重，在不丧失原则的情况下，就要牺牲自己的虚荣、利益等等。团结不是一厢情愿的，团结不是停留在口头上的，团结是要把自己的手伸出来，站在平等的位置上，与同事的手紧紧地相握。团结也有内外之分，与外单位的同志，甚至与外单位之间的团结，也是一种合力。

艾丰同志说，会团结“起码要做到这样几条：首先要自己带头实干，当领导的要以身作则。第二，要责己严，要约束自己的私心。第三，要待人宽，待人诚，要尊重别人，帮助别人。要善于根据原则妥善处理矛盾。”团结说难就难，说不难也不难。从自己做起，从小事做起，我们会得到令人惊喜的效果。

和谐

和谐其实是人际关系的一种人为调剂和自然调剂。各种性格、各种水平、各种毛病、各种缺陷的人能工作在一起，取长补短，相得益彰，这里有个宽容、理解和沟通的问题。和谐是一种良好的生存状态，在和谐的状态下，1+1是大于2的。不和谐的状态下，再有能力的人，能力也会打折扣。因为不和谐本身就是能力的损耗，是资源的浪费。不和谐就是不团结的病因。孙总一再强调的执行力问题，除去其他因素，不和谐是我们无法圆满达到目标的一个重要因素。要和谐，一是在制度上理顺关系，优化流程；二是领导身体力行，不人为破坏制度；三是形成互相理解支持的氛围，不各行其是。其实大家都是希望和谐的，放下部门和个人的私利，在和谐的氛围里，资源会得到更加充分的发挥和利用。

快乐

快乐是人的一种理想心态，是现代社会人的一种追求，甚至可以说是人追求的极致。人的本质决定人不可能追求痛苦。人要是追求痛苦，现代社会的一切关于人的理论假设都将土崩瓦解。人为了将来的快乐而放弃眼前的快乐，也是追求快乐。有人说，解放中国的共产党，二万五千里长征，红米饭、南瓜汤，他们放下稳定的生活，坚苦卓绝，不是痛苦吗？可是我们应该认识到，他们的追求本身就是一种快乐。为了解放全人类最后解放自己的理想，为了那个天下为公的境界，为了享受实现理想过程中的一个个成功的满足，眼前的任何痛苦都是暂时的，都是微不足道的。

给人快乐的方式是多方面的，工作、学习、娱乐、生活，等等。我们崇尚的是在工作中追求快乐。通过工作，获得更好的学习、娱乐和生活的基础。通过工作，得到同事的认可，得到被需要的满足。通过工作，获得荣誉、赞誉和心灵快慰。追求快乐，是人的本能。工作着，快乐着，或者是快乐地工作着，应该不是什么奢望。

创 新

孙总说的是创新，青林书记说的是创造力，如果不抠字眼，这里有异曲同工之妙。创新和创造力都是相对惰性而来的，故步自封不会有前途。一个企业，一个国家，乃至于人类社会，持续地创新和创造，是居安思危，是远见卓识，是对企业的热爱和负责。焦裕禄说，吃别人嚼过的馍没有味道。同样的道理，在别人走过的路上亦步亦趋，永远不会争得第一。逆水行舟，不进则退，失去了创新和创造力的企业，不要说进入世界500强，就是保住国内行业的领先地位也会步履维艰的。要创新，就要放开手脚，敢想敢干；要创新，就要不拘一格，知人善任；要创新，就要允许错误和失败，宽容大度；要创新，就要朝气勃勃，奋发有为，使企业保持良好的精神状态。当然，我们要防止对创新的误解，防止为了创新而创新，防止损害企业和群众利益的所谓创新。

团结、和谐、快乐和创新。新的一年，我们大有可为。

注：此文2004年2月发表于《中国建筑》新闻

也谈创新

杂志上说，法国著名政治家阿兰·佩雷菲特在《停滞帝国的对话——两个世界的对话》一书曾表达这样的忧虑：孩子们在自动电梯上逆向而上。要是停下来，他们便下来了。要是往上走，他们就停在原处。只有几级一跨地往上爬的人才能慢慢地上升。政治家说的是前进中的国家，其实比喻发展中的企业，也贴切不过。顺着政治家的思路向下细想，为了企业的生存，谁都想几级一跨的爬。记得孙总说过，真正的企业家都是在没日没夜的拼搏。那么企业不是应该分不出高下来了吗？关键就在这一跨的时机、方式和方法，或者说与众不同之处。这个与众不同的、使你前进的比别人快的东西，把它叫做“创新”，大概没有人会反对。

经常说的创新，太笼统，几乎成了“日月穿梭”一类的套话。我们不去辨析它的语义了，还是说些实际例子。

鲁迅先生提倡的“拿来主义”，实际上是创新。把人家的好东西拿来，那东西在人家那里不是新的，但在自己这里是新的，敢拿来就是创新。尤其是结合了自己的实际情况和环境文化，取其精华，去其糟粕，产生出来的新的思路、新的方式和新的产品，就更是创新。比如中国海外当年在香港上市，虽然在西方发达的资本主义世界和香港已经不足为奇，但是作为中资企业在香港成功上市是名副其实的第一家。这一跨，是历史性的，现在可以轻松的表达，但在当年，它的创新的意义怎么说也不为过。日本的企业界在管理理念、方式和技术开发上的拿来主义，例子也是举不胜举。比如企业形象策划在日本的发扬光大以至于自成体系，拿来、创新和引领潮流的脉络是非常清晰的。

变换思维的角度也是一种创新。人有一种惰性，或者有一种从众心理，对于流行的和公认的，一般不再思考它的对错，大都人云亦云。如果一个人有正确的思维方法，唯实求是，就能得到新的思想。大家说，青林书记总是在想事，实际上是在用流行的说法与现实生活作对比。比如企业改革中的员工分流下岗与创业致富的提法，同是一件事，角度一换，感情不同，意义不同，效果不同。胡锦涛总书记要求全党求真务实，就是在告诫我们，只有在人民群众生活实践基础上的创新，才有意义。

发现苗头，总结经验，推广实践，上升理论，也是创新，或者说是更严格意义上的创新。改革开放之初，安徽省凤阳县小岗村18户村民实行的家庭联产承包责任制，在不改变土地所有权的情况下，给予农民土地的使用权。这一土地制度的创新，使农民可以在“包”的土地上建立自己的家庭经济，“交够国家的，留足集体的，剩下都是自己的”，此举对促进农业生产的蓬勃发展起到了决定性的作用。在中国农业发展的历史中，虽然有过类似的制度安排，但是在历史发展到20世纪70年代末期，改革开放之风初起，敢于肯定，敢于坚持，敢于总结，敢于推广，其功绩已经被历史证明。

我们说的只是几种创新的实例，如果归归类，创新有制度创新、科技创新、理论创新，等等。作为创新的人，需要勇气，因为稍有不慎，可能折戟沉沙，身败名裂。承载创新的社会，要有宽容的环境，因为任何无端指责和落井下石，都会使新生事物的萌芽僵死在料峭的寒风中。

注：此文2004年2月发表于《中国建筑》新闻。

把小事也制度化

最近网上说，深圳市委提出五条整改措施：党内一律互称同志；市领导在本市讲话都不称“重要讲话”；未经授权，不提“受市委书记、市长委托”；市领导集体出席会议活动，不逐一介绍，不鼓掌；市领导一般政务活动和会议报道，原则上只在市委机关报刊发。这些举措，得到了舆论的一致好评。有的评论说，这是摆脱官僚体制僵化、提高政府绩效的措施，有的说这是从文风和政风入手，对传统公共行政的一种反思和革新。其实，前些日子孙总也要求报纸上的消息不要罗列领导的职务和名字。郭涛书记来总公司后，在内部开会的时候早就提出了几个相近的要求：不要对领导讲话都说“重要”、“做指示”一类的话；不要明明都认识，还要介绍公司的领导；不要不分场合，都给参加会议和讲话的领导鼓掌。虽然企业和政府有区别，不能一概而论。但我们说，这些要求和措施中求真务实的精神是一脉相承的。

我们单就“重要”这两个字来分析一下吧。

会议就几个人参加，领导简单提几项要求就可以结束会议，但是，如果会议主持人不说“重要指示”，就有不尊重领导之嫌。大家都这么说，如果你不说不就更加显得不尊重领导了吗？不计较的领导还罢了，要是领导计较，就要倒霉了。再说领导，本来准备讲个几分钟，提些要求就可以了。一句“重要指示”，使领导顿时格外重视起来，重要的讲话还不得多说些吗？于是，我们的会议就无形地增加了长度。一般的会议，即使领导没有准备，也要说上个一刻钟或半个小时。要是专门开的会议，不做两个小时以上的报告，好像达不到“重要”的指标。其实，大家都在为一句已经成了套话的“重要”付出我们的时间成本。领导和群众何尝不是都想有话即长、无话即短，这个会结束了还要忙其他的事情。当然，极个别的愿意夸夸其谈的领导和愿意聆听教诲的听众例外。但要是真正体会到卸下包袱的轻松，我想，他们也是愿意节约时间成本，节约无谓的感情投入的。

100多年前，美国为纪念葛底斯堡战役阵亡将士举行仪式，主办者请来的主要演讲者是美国当时一位最著名的演说家，而林肯总统的演讲只是个陪衬。演说家的演讲长达两个小时，而林肯的演讲仅仅5分钟，当人们还没有回味过来，演讲已经结束了。100多年过去了，那位著名演说家讲的什么人们早已忘记了，而林肯总统那5分钟演讲中提出的民有、民治、民享的精神，还在影响着美国。重要与否，不在主持者的介绍，不在演讲的长短，而在其内容。

大家还记得这次先进性教育在总公司演讲的中国文化软实力研究中心主任张国祚先生。总公司想更多地了解他，也好在介绍的时候，显示他的“重要”和讲话的“重要”，但这些都被他拒绝了。他说那些是虚的，讲座好不好，重要不重要，听讲就知道了。结果证明，这是我们先进性教育活动一次重要的讲座。

其实，领导指示的重要与否，要看事情的重要程度，要看领导观察问题的敏锐程度。对于一个企业，要增强企业的执行力，领导的指示都是要执行的，有由于不重要而可以忽略和忘记的领导指示吗？一个会议，在领导指示之前，都是讨论过程，大家可以无拘束地发表意见。一旦领导要做总结和提要求了，就自然都是重要的。由此看来，专门加重语气地强调“重要”，确实是画蛇添足。

其它的提法我们就不再分析了。由于有些事情是约定俗成，所以，我们确实不能怪罪谁。但是我们的有关系统如果像深圳那样，提出几条，大家试着执行一段，一定会有新的感觉。

最近我们搞先进性教育，我们的目的是求得实效。那么，从小事做起，节约我们的时间和精力，大家都学习工作得轻松一些，也是促进各项工作的一项措施。话说回来，小事不小，党风改进了，工作作风改进了，企业能不发展吗？

注：此文2005年7月发表于《中国建筑》新闻。

人才会议随想

总公司召开人才会议，专门研究人才的事情，真是好。看了孙总、郭书记的报告和各单位的交流材料，觉得我们总公司有经验、有想法，在人才的事情上一定会大有作为。孙总在报告中阐述了“用广阔舞台吸引人才，用公平环境凝聚人才，用良好待遇激励人才，用科学机制造就人才”的道理后，又列举了不光明正大、不规范运作、不言行一致、不德才兼备等等在干部和人才培养使用上的不正常现象。受报告和交流材料的启示，总有些念头在脑子里，拉杂的记下一些，算是学习的体会。

以人为本

最近“以人为本”说得比较多，成为套话了。因为中央说，如果不挂在嘴边上，有些不讲政治。我们某些领导者，只是背诵时髦的词汇，在实际工作中依然我行我素。以人为本可能有更深奥的意思，做个简单的诠释，就是人在社会中的地位问题。具体地说，就是理解人尊重人，考虑问题从最广大的人民群众的利益出发。说到干部和人才问题，以人为本，同样是理解干部和人才，尊重干部和人才，创造更好的工作氛围、工作环境，培养与使用干部和人才的问题。理解和尊重不是空洞的。首先各级领导者要把自己和干部人才放在人格平等的位置上，高高在上，不会做出公平的选择。其次，要从内心里爱护他们。总是在怀疑他们的忠诚和才干，领导者和干部人才心的距离就会越拉越远。以人为本，是以广大干部群众为本，而不是以领导者个人为本。最近的时髦话是细节决定成败，光堂而皇之地说道理，在实际操作上没有一点细小的动作，那不是为了工作，而是作秀。凡是干部和人才工作做得不好的单位，领导的私心一定很重，屡试不爽。所以真正以人为本理念的落实，领导是根本。

做人做事

成功企业的经验都认可“首先做人，其次做事”，这是经验之谈。一些年前，社会对人的评价标准出现变化，对人的品德不是很重视了，什么稍具舞枪弄棍之术的鸡鸣狗盗之徒，都可以一夜之间飞黄腾达。说到企业家，就更加不重视人的道德操守了，只要挣了钱，就是好样的。好像企业家就可以不具备人的起码的政治水准、起码的道德操守和起码的修养礼貌。这就反了，因为把做事放在了做人的前边。如果不相信笔者所言，那么美国GE公司，也是把干部对公司的忠诚，也就是干部的操守放在一切标准的首位的。无论什么时候一定要先是人，有做人的基本素质，有党的好干部的基本素质，才可以成为好的国有企业的领导者。有些能量有些能力而不知道做人的领导者，只能是公司利益和公司文化的毁灭性的摧残者。好人不见得是个好干部，但是好干部一定是好人。郭书记在报告中说，“我们切不可用错一个人，误导一大批，伤了一大片。”置之有此病者座右，供铭记之，笃行之。

人皆可才

有句老话，叫做“放下屠刀，立地成佛。”现在多用于知错就改，就是好同志的意思。开了人才会议，我觉得这里有些深意可寻。中国的神仙与外国传进来的佛教不同。中国的神仙不是凡人当的，神仙不食人间烟火。而佛教的“佛”，意思就是“觉悟的人”，那是人人可以当的。你有天大的错处，“放下屠刀”，改正了，就是好干部。你有天大的缺点，“觉悟”了，认识了，就是真人才。在郭书记的报告中，有个观点好久没有听到了，那就是“人人都是人才”。我们的各级领导切记不要以为只有自己是人才，别人都是无能之辈。我们的各级领导也切记不要以为自己从事的才是正事，别人从事的都是旁门左道。我们的各级领导还要切记不要以为只有自己才是救世主，别人都是浑浑噩噩的阿斗。要是这样，不但干部人才出不来，领导自己也变成没有基础的空中楼阁了。相信我们的员工，相信我们的干部，只要我们按照总公司人才会议的精神去做，完善我们造就人才的体制机制，净化我们的文化氛围，不久的将来，一定会涌现出大批的人才。

评价标准

有个流传很广的故事，说是在私塾，老师教一个富人的儿子和一个穷人的儿子。当两个孩子听课打瞌睡的时候，老师敲着穷人孩子的桌子说，“你一看书就打瞌睡，看看人家，打瞌睡还在看书”。如果把故事的道理放在干部问题上，就有个评价标准问题。孙总在报告中说，“要讲光明正大，”“要讲五湖四海”。说得真好。我们各级领导，评价干部一定要出以公心，不要掺杂着个人的喜好。因为一件小事，一种性格，一个误会，或者三言五语的表态，就决定下属干部的一生，不讲政治，不科学，也不公平。除了孙总提到的，因为老乡，因为同学，因为不方便公开的原因，随便地将干部划成三六九等，划出帮帮派派，更是干部管理的大忌。这个问题最好的矫正方法就是，用科学规范的机制体制评价和选拔人才，减少个人决定干部命运的因素。最近，齐齐哈尔实行把干部任用的提名权交给群众的作法，得到了舆论的肯定。我们共产党领导的国有企业，不是某个人的企业，选拔评价干部一定要党说了算，群众说了算。中央说了，大多数人不拥护的干部，不能提拔。我们要相信群众，相信党。

反对自由主义

总说各单位有民间组织部，一到要调整干部的时候就开始工作。其实，在党的组织没有对干部的任免做出决议之前，不管谁到处乱说，都是一种不负责任的表现。甚至有的领导故意放风，或者与不该参与干部工作的人商量干部人选，都是参与了民间组织部的工作。因为在没有正式的会议决议之前，我们的领导也是属于民间的。老百姓参与民间组织部的工作，有情可原，因为他们不了解情况，因为他们也愿意表达他们的愿望。而领导参与民间组织部的工作，问题就大了。为了制造舆论或观察风向，随便地散布干部任职的消息随便地向不相干的人咨询此干部当什么什么怎么样，随便地对亲近的下属发泄对某个干部的不满，对干部的伤害是难以平复的。其实这是一种自由主义的表现，是一种不负责任的表现，是拉山头搞派性的表现。领导者的位置是举足轻重的，领导者的一言一行都代表着一种导向，传递着一种信息。由于信息不对称，小道消息满天飞，领导要负主要的责任。孙总在报告中列举了众多的现象，这种现象的损伤力也是不可忽视的。

全面的历史的综合的

“周公恐惧流言日，王莽谦恭下士时，倘若当时身即死，一生真伪有谁知。”记得好像是《封神演义》上的诗，说的周公当年被误解和王莽没有篡位之前的表现，如果他们当时就死了，周公就是坏人，而王莽就是好人了。前边已经提到关于对干部的评价问题，这里主要说的是对干部一定要全面的历史的综合的评价。对文章不能断章取义，对干部也不能断章取义。人是个多面体，人的一生是漫长的，人的性格是多姿多彩的，因为一时一事一颦一笑而肯定和否定一个干部，都是轻率的和不负责任的。一个很有发展潜力的干部，因为我们放错了位置而没有发挥作用，甚至表现稍差，我们不应该“枪毙”他，那是我们领导干部要反思的问题。一个能力一般的干部，因为碰上了好的机遇，作出了成绩，也不要以偏概全，忘了他要改进的地方。观察一个干部尤其要看他的过去和现在，我们决不能割断历史，盲目地否定和肯定历史事实，不是一个成熟的领导者的作为。只要我们的各级领导干部全面地历史地综合地看问题，我们就会发现原来我们身边有那么多的可塑之才。

变与不变

郭书记在报告中说，我们的决定一旦做出了，就是经过慎重考虑的，就要认真贯彻执行，不能轻易地改变。这就对了。好多年前，我们总是在怪政策多变，因为赶不上政策要吃很大的亏。现在，经常改变决定的企业同样给人一种不稳定的感觉。也许有的领导会说，勇于改正错误是领导干部的美德。但是我们忘记了，决策的错误，正好说明了我们决策的草率、鲁莽和不科学。也许有的领导会说，随时修正错误是与时俱进。但是我们同样忘记了，在我们决策时的条件没有明显变化的情况下，用“与时俱进”来冠冕堂皇地修改我们的决定，只能说是文过饰非。还有一个非常重要的问题我们忽视了，那就是领导干部如果经常改变自己的承诺，经常改变已有的决定，给干部群众传达的一个重要的信息就是缺乏诚信，而诚信是我们各级领导干部安身立命的根本。一个没有诚信的领导干部是不值得干部群众信任的。将变与不变同诚信连在一起，绝不是牵强附会，稍加思索，就可以得出这样的结论。诚信问题对我们的工作万分重要，对干部和人才的问题何尝不是如此。

我们在激励谁?

前段时间，新浪网有个调查：你认为“事业留人、待遇留人、感情留人”哪一个更重要？出于好奇，我点了“待遇留人”。电脑的统计结果告诉我，截至当时，共有6498人参与了调查，选“待遇留人”的46.97%，“事业留人”的40.80%，“感情留人”的12.29%。结果未出我的想象。对参与调查的人员我无从了解，也不知道他们的职业、年龄、性别和职务，但既然能在电脑参与这项调查，起码是关心这件事情，这就足够了。严格地说，这项调查该有一个特定的范围，分清每一类人和每个人的不同时期。因为人与人不同，每个人在不同的年龄和环境下，追求也不同。可能一个人20岁时追求的是事业，30岁时追求的是待遇，40岁时追求的就是感情了。在经济社会里，人有需求，人要生存，追求待遇大约是不错的。事业与待遇虽不能画等号，但也有相近的地方。我们说，追求来的事业伴随着一定的待遇也大体是不错的。随着年龄的增大、变老，除了极特殊的职业外，不得不承认人的价值在贬低，被认可的机会在减少，事业受到阻碍，待遇受到影响，寻求稳定，寻求感情的愿望便占了上风。即使在这时，一旦被认可，一旦有超乎寻常的待遇出现，人也会去寻求待遇的。在社会存在不公平，在富人们神话的诱惑不绝于耳时，除非受到能力和机会的限制，无法成就梦想，不然，让一个人一辈子在社会底层抵御各种刺激，坚持几乎无望的奋斗，确实是一件为难的事情。其实，事业、待遇和感情三者在人的需求中是一种有机的体现，不是互相排斥的。事业伴随待遇，同样伴随着成就感和名声，不然，事业也就不那样迷人了。待遇是成就的体现，不会有企业家超过社会的平均标准为低劣能力埋单。感情是与幸福关联的，当不会有更好或更坏的结果出现时，有的人将它看作了收入的一部分。马斯洛关于人需要的五个层次，说得很清楚了。但不知他说没说这几种需要也在各种因素的作用下，相互制约，相互促进。最底层的需要有时也变成最重要的，最重要的有时也可以变成最不重要的。我们的领导有时对干部和人才的激励总也刺激不到点子上，不知道人需要什么。需要待遇的用事业激励他，需要事业的用待遇激励他，而日常通通是一种没有文化没有感情的冷冰冰，结果只能是花了钱，费了精力，自己还一头雾水地叫苦不迭。把工作做得细一些，根据每个人每类人的状况分析需求，如果再设身处地地把自己的感觉放进去，效果会好得多。

人尽其才

在人才会议的发言中，中海集团的崔副总很动情地提到已经去世的小陈太。崔副总说，小陈太是个小学没有毕业、大字认识不了几个、在中海集团端茶倒水的普通员工。可她去世后，大家都怀念她，厉董还专门写了篇充满感情的纪念文章，足见她的影响之大。一个普通得不能再普通的员工，为什么她的去世引起这样大的震动？道理很简单，她发挥了应有的作用，她称职。到过中海集团写字楼的人，都见过这个活蹦乱跳，外貌和举止与实际年龄不符的小人物。据崔副总说，她除了认真的百分之一百的完成份内的任务外，还对写字楼里的她认为该管的任何事“指手画脚”。她最大的特点是敬业，是对中海集团这个家的全心关注。也正因为这样，她把她的能力发挥得淋漓尽致。写字楼里的人几乎都可以指挥她，无论份内份外的事，她都毫无怨言地圆满完成。也正因为这样，她成了写字楼里不可或缺的人物。她某一天的缺席，甚至使人觉得涉及她的公司运转可能会出现偏差。听了小陈太的故事，我想了很多。有时我们总说，我们的员工素质不高。但是我们有没有想到，这里边是不是有我们的“识才”水平不高和“用人”水平不高的原因。叫一个高水平的工程师来端茶倒水，结果不会太好。叫小陈太去管理一个工程，更是难为她。人尽其才，应该是将合适的人放在合适的位置。领导一定不能因为个人对干部和人才的好恶，或者用牛刀杀鸡，或者相信了走在老虎前边的狐狸的才干。中海集团为我们作出了榜样，我们应该认真地学习。

公平竞争

说到公平，我们总说世间没有绝对的公平。最典型的就是我们的收入。只有一个例外，好像我们一说到公平竞争，竞争就是绝对公平的了。而在这个貌似公平的前提下，确实损失了一批干部。我们小的时候，一要做游戏，总是先说要公平合理。我们这句话说得很完整，但是，听话的人却仅仅理会了“公平”的意思，忽视了后边更为重要的“合理”二字。在现实社会中，我们的一切公平，都是在“合情合理”的前提下。即使我们考虑了一切因素要使我们处理的事情公平，但是放弃了合情合理的前提，就都是不被理解的，甚至是被诟病的。所以，我们往往不应该把精力放在公平本身，而是更多地考虑影响“合情合理”的各种因素。比如我们经常说的赛马，也就是看业绩。记得经济学家厉以宁举过一个既当裁判员又当运动员的例子。如果是球类比赛，你看自己领先了，有可能一会儿要输，你就更改赛制，马上终止比赛，于是得了冠军。在干部问题上，如果领导偏心，说是公平竞争，但是良好的资源倾向了一方，有利的职能倾向了一方，成功的机会倾向了一方，那么结果就是不公平的。所以，当领导的，一定要将自己放在制度之内，受制度的约束。所谓不公平，都是领导的行为；所谓不合情理，更是领导的行为。当领导的也是人，也有喜怒哀乐、七情六欲，持中守正，下工夫为干部创造合情合理的公平竞争的环境，实在是应该认真考虑的事情。

领导者与管理者

很多年来，管理我们的人就是领导，领导我们的人就是管理者，没有什么区别。不过，在领导学中，领导者和管理者是不同的。据说，管理者关注的只是一个具体的系统，他们把所有的精力都集中在某个领域。而领导者不同，他们需要关注整个经济环境、政治动荡以及人们的内心需求，他们站得更高，看得也更远。我的理解：领导者和管理者其实是你中有我、我中有你的关系。硬要区分，则领导者是元帅，管理者是将军。领导必须是综合的，管理可能是片面的。领导是温暖的，管理是冷酷的。领导者的一部分是管理者，而管理者永远比领导者差那么一点点。领导者是领袖，是金字塔的顶尖，而管理者总是差那么几块砖。管理的出发点是性恶的，一定要管住下属，一定要给他们压力。而领导的出发点是性善的，一定要引导，一定要他们自发的努力。孙总在报告中说了他崇尚的一句话，“每个人本能的驱动比在他人驱动之下能够创造更大的奇迹。”这句话是符合马克思主义哲学的，外因是变化的条件，内因才是变化的根本。而本能的驱动，除了内因外，实在有赖于领导者的“领导”。永远不要埋怨下属，加上那几块砖，一切都会改变的。当然，管理者和领导者没有优劣之分，就像大企业和小企业一样，各有各的需要。需要注意的是，管理者和领导者要根据外部环境和个人的具体状况就位，不要自己出了位错了位，没头苍蝇似的，东撞一下，西撞一下，到头来什么也不是，什么也没有做成。

信息缺乏症

夜郎自大，坐井观天，以蠡测海，井底之蛙，盲人摸象，等等，等等，都说的是信息缺乏的状况。看来中国人早就对信息沟通的不畅通颇有研究，不然，不会有这么多的成语来形容这种情况。然而，研究了几千年，问题没有得到解决。因为最好的证明就是这些成语没有消失，反而大家越来越熟悉了。孙总每年都要找干部谈话，召开座谈会。据说郭涛书记的办公桌上有个座右铭，是手写体的“兼听则明，偏信则暗”几个字，听到了真使人宽慰。总公司领导是这样做的，我们的各级领导一定要注意这个问题。把自己关在房间里，就相信几个亲近人的传言，就相信匿名信的东西，就相信自己走马观花得来的一些支离破碎似是而非的汇报，要完全了解干部的状况是不可能的。把办公室的门打开，真正接触我们的实际生活，用平等的身份同大家多聊聊，多接触各方面的人士，相信来说是非者就是是非人，就会知道自己的世界原来这么小，外边的世界原来这么大。对于干部和人才，我们由于缺乏全面的信息，遭到冤枉、委屈、误会、伤害的太多了。几千年前的大委屈者屈原写到，“黄钟毁弃，瓦釜雷鸣，谗人高张，贤士无名”，这种状况实在不应该出现在信息爆炸的今天。屈原可以投江，我们的干部和人才只好一走了之。

赛马与相马

郭涛书记在报告中说，总公司在人才开发与管理的具体环节上，存在着“重使用、轻培训开发”、“重当前使用、轻长远规划”等现象。

一语中的！其实，这种现象，与偏颇的认为一定要赛出的马才是好马有一定的联系。马肯定是要赛的，不赛马，得到的干部和人才只是一些有书本理论而缺乏实践的书呆子。但是仔细想想，完全用赛马来形容我们国有企业干部成长机制还是有商榷余地的。国内外的私人企业主和职业经理人，他们的成功可以用赛马来形容，因为他们同企业是一体的。企业的发展壮大就是对他们社会地位、个人收入以及企业规模的认可。这是一个自然成长过程。而我们的国有企业，一个被提拔到更高层次上的领导者，一下子要管理比原来大多少倍的企业。彼得原理说，人人在做着自己不胜任的工作。赛马时，参赛者和相马者目的是不一样的。有些国有企业的参赛者为了胜利，可能有累吐血也要拿冠军的短期行为。而相马者是要将他利用在一个新的更高的层次。这就有些像教练选运动员，教练的选拔标准并不主要看成绩，或者说决不唯成绩。要看运动员的各项素质，可能选拔上的运动员，并不是一个当时有良好成绩的运动员，而是有潜力的运动员，因为他将来要参加的是奥运会和世界比赛。也就是说，在原来层次上的成绩只能作参考，并不能决定他在新的层次上一定干得好。这就是世有伯乐而后有千里马的道理。贺国强同志在全国国有企业领导班子思想政治建设座谈会上的讲话中强调了干部的品德、知识、能力和业绩四个方面，业绩只是其中之一，也是肯定了这个道理。这就说到培训了。磨刀不误砍柴工，一个好的国有企业领导人一定要像教练一样对待干部和人才，为了他们更好的发展，帮助他们增长才干，设计他们的职业生涯。当然，有成绩的干部一定有才干，成绩好的地方一定出人才。但是坚持相马、赛马和我们的培训工作相结合，使我们的干部既素质全面，又充满了发展的后劲，国家乐见，企业乐见，员工乐见，干部和人才个人也会充满了感激之情。

卡拉OK效应

这些年是个出思想的年代，什么事情稍加总结，就是一种定律或者一种效应。我们都知道有鲇鱼效应、蝴蝶效应、马太效应等等，不一而足。据说还有一种卡拉OK效应，宣传不够，流传不广，但是道理还是对的。说的是人们参加卡拉OK活动，明明歌曲唱得不好，但是出于礼貌，往往是一曲结束，掌声一片。有好事者，更是从音域到音准，再到演唱风格，大大地褒奖一番。本来演唱者心中有数，知道自己的歌技实在不行，而且五音尚不完全。但是参加多了，这种表扬总是铺天盖地，表演者自己也由明白到疑惑，由疑惑到将信将疑，最后也确信自己是个非同一般的歌手了。虽说发明者的意思到此为止，我想引申的是——久而久之，连鼓掌者也都相信这是个好的歌手了。他们忘了，这个效果是他们捧出来的。在演艺界，每天都在发生这种事情。回到干部和人才的话题上，有没有这种情况哪？没有实际的接触，没有感性的认识，口耳相传，或有人说好，或有文章报道，或听见领导总挂在嘴边上表扬，于是大家都鼓起掌来。最后，连领导自己也被自己创造的神话迷惑了。干部和人才不是歌星，要品德，要知识，要能力，要业绩，总是被卡拉OK效应陶醉，最后，站在房间外边的群众一定会转过身去的。

丁是丁，卯是卯

据说有的地方总出干部，上级一来考核，大家都互相说好话，因为别人升了官，空了位置，自己还有被提拔的机会。而有的地方总也出不来干部，上级来考核，有那么几个人总互相说坏话，生怕谁被提拔到了自己的前边，结果是谁也提拔不了。任命出来了，有些人才知道后悔。有些人还恶狠狠地说，我上不去，谁也别上去。南方人和北方人据说观念不同，南方人的生意大家做，大家都要赚钱，北方人却是我先看你赚多少钱。当然，随着经济的发展和社会的进步，这种状况在逐步地转变。客观的反映情况是对的，但夹杂着个人私心和恩怨的反映，就是成事不足败事有余了。更有甚者，为了谁也上不去，找到了一些似是而非的陈糠烂谷子抖落一番，害不了你，也惹你一身骚。其实，不光是考核的时候，就是平常一个干部对领导汇报情况，也应该有一说一，有二说二。为了个人的升迁和虚荣，夸大自己的功劳，渲染别人的缺点，甚至无中生有的恶意歪曲，都是要不得的。这里有两个方面的问题：一是出以公心。评价个人和他人的唯一标准就是对国家有利，对企业有利，对人民群众有利。二是见贤思齐，有比自己政治上强、道德上高、能力上好的同事，日思之，夜想之，不是坑害人家，而是学习怎么超越，这才是人间正道。丁是丁，卯是卯，为人讲诚信，企业的文化氛围好，员工的心气高，何愁企业不发展。

吃醋

有的领导被群众评价为心眼小、心胸狭窄、爱记仇。在这样的领导看来，围着他转的干部才是好干部，如果哪个干部与和他有不同意见的领导接近，不管是工作还是其他的事情，一概表示不满。更有甚者，这个干部从此就染上了色彩，别说提拔重用，就是脸色，都没有好看的了。由于心态不正常，干部得到了别的领导的关心、爱护、友谊、尊重、青睐等等，马上将这些干部视为眼中钉肉中刺，划入另类。用个不准确的比喻，好像是在吃醋。太太吃先生的醋，先生吃太太的醋，已经不是新闻。但是要说干部之间互相吃醋，下级干部之间吃上级领导的醋，领导之间吃下级干部的醋，情况存在，但这样说的好像不多。家里的吃醋，可以解释成一种变相的爱。单位的吃醋，只能解释成羡慕嫉妒恨了。其实不是这些干部没有能力，没有品德，只是向别的领导汇报了工作，一块出了次差，在路边多说了几句话，就被定性为别人的干部，实在是很冤枉。别说领导之间没有不团结，就是有些小的矛盾，哪个正直的干部愿意卷入其中，愿意无论是非地跟定一个人？领导由于吃醋而明确地表达了对某个干部的不满，于是，一些不愿意招惹是非的干部就顺着领导说下去，做下去，造成了企业的假话连篇、阳奉阴违，造成了干部群体的分裂，闹得世界不太平。说句俗些的话，这类领导本来是希望干部都围着自己转的，但实际上，贴他近的干部心术不正不说，也不见得就是真心实意地佩服他，自己成了孤家寡人还不知道。对这类领导可以送上许多话，比如，“宽以待人”，就是说要宽容，不要对人太刻薄，到头来事与愿违身心憔悴的还是自己。比如，“为渊驱鱼，为丛驱雀”，就是说，不要由于心思和方法的不当，将干部从自己的身边赶走。这种吃醋，说到底很低俗。别说具备一个共产党员的修养，就是一个普通群众的心胸都达不到。大道理就不讲了，好像把自己看得淡一些，把别人看得重一些，情况就会逐步地好转。

总公司的人才会议上，孙总和郭书记讲了很多人才方面的事情，同样也讲了很多文化方面的事情。仔细地想一想，除了那些大的措施和硬性的指标外，我们如果从这些比较“虚”的地方入手，转变我们的人才观念，净化我们的文化氛围，我们一定会迎来一个群星璀璨的年代，而这些璀璨的群星一定会辉耀出总公司更加辉煌的前程。

注：1. 此文2004年10月－12月部分连载于《中国建筑》新闻；2006年12月部分发表于《发展》杂志。

2. 郭书记：系指郭涛，时任中国建筑集团有限公司党组书记。

3. 崔副总：系指崔锋声，时任中国海外集团副董事长。

4. 厉董：系指厉复友，曾任中国海外集团副董事长。

关于管理的精细化

汪中求先生的大著《细节决定成败》，近年来在畅销书排行榜上一直居高不下，很是火爆。叫我们迷惑的是，为什么一本人人都知道道理的书得到各界人士这样的响应。最近读书，企业管理专家张德先生有段话说得很好。他说，我国大多数企业还处在经验管理阶段，并有五种突出表现：第一，管理的基础工作薄弱；第二，规章制度不健全；第三，组织机构不规范；第四，管理稳定性差；第五，决策只凭个人的感觉和经验。既然我国的大多数企业还没有超越经验管理这个阶段，那么精细化管理无疑是治理企业的一剂价格最便宜的良药。《细节决定成败》受到大多数人的欢迎，也就有了答案。

老祖宗和老外也讲精细化

我们说的老祖宗是马克思主义的老祖宗。比如，恩格斯就曾经说过，“谁肯认真地工作，谁就能做出许多成绩，就能超群出众。”比如，毛主席说，“世界上怕就怕认真二字，共产党就最讲认真”。如果说认真就是精细化，如果我们不强调字面的内涵和外延，说他们相近，可能没有人反对。而且毛主席这段家喻户晓的名言，确实在相当一段时间里，被我们淡忘了。被誉为世界第一CEO的韦尔奇，他所提倡的六西格码管理方法，更是精细化的典型。从道理上来说，精细化不是什么新思想和新方法，而是我们做好工作的基本素质、基本思路和基本方法。

为什么要精细化?

一个国家，一个城市，一个组织，一个企业，甚至个人，精细化地做好工作，是达到目的的前提。我们理解，不精细化，也就是违反科学，不适当地为了节约时间和资源，省略和改变了必要的工作程序和方法，以至于损失成本，折扣绩效，无法圆满地达到目的。比如我们的决策过程，如果仅仅因为目的诱人，而违反程序，不做可行性研究，忽略影响结果的各种因素，失败也就蕴涵在其中了。比如我们的质量和安全，有时候我们总说事故是偶然的，但是仔细分析，其实都是没有精细地工作的结果。无论处在哪个发展阶段的企业，精细化都是强化管理、落实制度、规范行为和达致最佳效果的有效途径。

今年力抓精细化

总公司工作会议指出，2006年工作的一个重点是精细化管理。在国资委2004年的考核中，我们是25家A级企业之一。数字和业绩说明，总公司的管理在建筑行业中，处于国内领先地位。说到我们发展公司，尽管存在很多亮点，深圳装饰公司去年还获得了含金量很高的国家质量奖，但总体情况就不容乐观了。因为我们老企业多，弱势企业多，成立时间短，企业的运转和磨合还需要时间。有些制度需要建立，建立的制度需要很好地执行。所以说，目前阶段发展公司对精细化管理的适合程度要远远超过其他的管理途径。提倡精细化管理，强化精细化管理，应该是我们工作的重中之重。

怎样才能精细化？

要点很多。我想，首先要敬业。没有对所从事事业的热爱，是不会全身心地投入工作的。做一天和尚撞一天钟，不会有好的工作结果。其次要有良好的素质。一个是企业的素质，比如科学的管理制度、规范的工作流程和协调的运转程序，等等。一个是人的素质，比如职业化的管理团队、高技能和具有良好个人修养的员工团队。第三要奖罚严明。没有严格的纪律，没有到位的奖优罚劣，敷衍了事会大行其道。第四领导要率先垂范，有良好的精细化的文化氛围。如果领导自己对工作不认真，不仔细，要求员工精细是无从谈起的。

精细化的精细化

汪先生说，没有细节的把握，就不会制定出好的战略。诚哉斯言。其实，精细化是一以贯之的，工作不精细，制定不出好的战略，同样也落实不了好的战略。严格地说，处在经验管理阶段的企业、处在科学管理阶段的企业和处在文化管理阶段的企业，对精细化的要求是不一样的。对于经验管理阶段的企业，精细化是一种工作要求。对于科学管理阶段的企业，精细化是严格的制度。对于文化管理阶段的，精细化是员工的自觉。但是，处在各个管理阶段的企业并没有明确的划分，甚至管理的各个阶段也众说纷纭。我们所要做的，就是结合企业自身的特点，有所侧重地将做好精细化的各个要点落到实处。

精细与粗放是辩证统一的

过分的精细化，容易造成丧失机会，增加成本，文化烦琐，职责不清。精细化的前提是我们的战略和战术都没有问题，否则，细节越精细，就越浪费资源，就越远离目标。孙总在总公司财务集中管理会议上再次强调他的企业管理两条准则：效果第一，方法第二；速度第一，完美第二。其实，这就是说，该粗的时候一定要粗，细了，可能就会丧失机会。在充分估计风险和损失，有必胜把握的前提下，我们可以将工作做得粗一些。由于粗，追求完美的过程损失和对文化的撞击，被我们的成功远远地弥补了。但是要实现效果第一的目标，作为摆在第二位的方法，同样丝毫忽视不得。如前所说，没有精细化的准备，没有对事物的科学的分析和判断，没有有效的方法和手段，就可能南辕北辙。

也为粗放正下名

对“粗放”一词该有两种理解，褒义的是表达一种管理风格，贬义的基本等同于粗心大意，或者没有思路、没有方法的工作状态。有的书上说毛主席评价周总理“举轻若重”，评价小平同志“举重若轻”，其实都是一种领导风格。领导精力充沛，事必躬亲，不受不精细化的下属的迷惑，企业的管理一定很严格很到位，但弊端是领导做了下属的工作，员工缩手缩脚，产生不被信任的感觉。领导抓大放小，充分放权，集中精力抓住企业发展战略和高层公共关系等员工做不了的事情，下属积极主动，充满创造性的劳动，也是一种工作状态。这种工作方法的弊端是领导可能要承担部分不负责任或能力不强的员工失误造成的责任，也可能要承受不明就里的人的指责。从褒义来说，“粗放”就是在特定的时间和地点，适当地省略和改变了必要的方法和程序，快速地接近目的，使资源和绩效达到最佳的配比。换句话说，“粗放”实际上是在精细地了解程序和方法的基础上，对工作的创新。无论精细还是粗放，就是资源指向目的，不折不扣地达到目标。

我们现在处在一个变革的时代，改革的大潮，瞬息万变的商机，使得我们必须要快，为了快又不得不粗。但也正是由于我们对党、对国家、对人民和对企业的忠诚和责任，我们才要提高管理水平，才要更加科学规范，才要为了圆满地实现我们的目的，把工作做得更加的精细。

注：此文2006年6月发表于《发展》杂志。

品味与风格

记者：请回顾一下您的学习和工作经历，以及个人成长的心路历程。

刘：接受《中国海外》的采访，对我是一件有意思的事情，因为我是这份杂志的第一任主编。听说在中国海外工作过的同事好多人都接受了采访，共同为中海文化的下步发展贡献力量，我想这是工作，责无旁贷。

我是1974年高中毕业的，当时放弃了入伍和到运动队的机会，在锦州铁路局山海关工务段参加了工作。铁路工作最主要的是机车工电辆，工务段是最苦的，就是有时在电影里看见的抬钢轨和筛石子的人们，它可以把当时参加工作的沿铁路线的农民给累跑。也正是因为这样，在那里四年的工作对我一生受益无穷。1977年恢复高考，就读河北大学中文系77级。1982年大学毕业，分配到国家建工总局政策研究室。后来在国家机关机构改革中，到了中建总公司，那是1982年年中左右。我一开始在办公厅调查研究室，后来到秘书处。

1991年3月，我来到中国海外集团工作，先是在地盘锻炼了三个月，然后到行政部当副总经理、总经理。后来负责筹建公关部，我担任公关部和行政部两个部门的总经理，同时是集团公司联谊会的总干事。其后，就担任了集团公司董事和助理总经理。在中海集团工作了有四年半的时间。

1995年8月，我从中国海外集团回到中建总公司，先后担任办公厅副主任、主任、企业管理委员会副主任、助理总经理，其间在中央党校中青班学习了一年。

记者：谈谈您在中国海外集团工作时最大的收获是什么。

刘：如果说在工务段的经历使我刻骨铭心的话，在中国海外集团的经历，用句“文革”时的话说，就是“融化在血液中，落实在行动上”了。那时，对工作有一种全身心的投入与热爱，节奏紧张，生活充实，公司的每位员工都保持着昂扬向上的工作状态。通过四年半的陶冶、历练以及对不同经济、文化和社会环境的感受，我觉得我思维的方式、考虑问题的角度、工作的态度和对于整个人生的看法，都有了很大的改变。

记者：就个人的理解，您认为当时的中海文化是怎样的。

刘：这可以从两个方面来回答问题，一是中国海外集团这个企业是怎样发展起来的；二是由于这样的一个企业，所形成的文化是怎样的。

先说第一个方面。中国海外集团，那是我们中建总公司的骄傲。关于它的业绩，我不想太多地重复了。我只是想说，是天时、地利、人和造就了中国海外集团。所谓天时是，1978年党的十一届三中全会制定了改革开放的方针；中英联合声明签署，香港问题明确；小平同志南巡讲话，掀起改革的大潮；香港回归在即，经济发展突飞猛进。所谓地利是，香港成熟的资本主义市场经济模式；中西合璧的社会文化环境；深圳特区的发展以及内地广阔的市场。所谓人和是，中国海外集团是国家最早设立在海外的对外承包工程公司之一，得到了国家领导以及建设部、经贸部和港澳办等各个方面的支持；中建总公司给予了宽松的政策和充分的授权；在公司发展的关键时刻，中建总公司领导选用了孙文杰同志担任公司的总经理以及后来形成的管理团队。

至于第二个方面是讲文化的。我对文化没有什么研究。就人而说，我同意文化就

是人的活法。以此类推，企业的文化，自然是企业的活法。而且企业领导者的活法，对企业文化有着决定的意义。我觉得文化的极致是一种平衡的状态，是一种在企业或者在组织中的人处于快乐的工作状态。但这不是所谓的宽松，因为宽松很大程度上是缺乏效率的同义语。我觉得当时的中国海外集团是达到了这种平衡状态。所谓时势造英雄，就是说包括英雄本身的人和与天时、地利结合得天衣无缝，各种因素在系统内融合互动、相得益彰。具体地说，孙总为首的领导集团敢于创新，敢为天下先，以其敏锐的市场眼光，适时地涉足房地产，实行“商业化，集团化，本地化”，成为第一家以香港本地业务上市的中资企业，等等。这种跨越式发展，使公司的员工斗志高涨，凝聚力空前提升。我无法用一句话界定当时的文化，要说感觉，用云蒸霞蔚或者奔腾激荡来描述一下，有些相近。

记者：您认为中海文化有哪些独特的地方，以及可以继承的宝贵的历史经验。

刘：文化包罗万象，怎么说也挂一漏万，我就拣几条我当时颇有感触的说吧。

一是严格苛求。在香港工作了一段以后，我感觉大家工作时的交流沟通不是很够，就在孙总的批准下编辑了一个《工作动态》。后来，孙总又同意我们的建议，办一个大家沟通思想、增强凝聚力的刊物。这样，1994年，《中国海外》杂志正式创刊，企业文化建设工作逐步提上议事日程。孙总建议把中国海外的企业精神总结提炼，用较少的文字表现一下。这个任务由厉复友副董事长负责，我来具体运作。就在我们抓紧工作的时候，孙总写来了一张纸条，上边共有六句话，是孙总建议的企业精神，并要求我们征求领导和同事们的意见。我记得很清楚，对当时的最后一句话“严格苛求”，各方面表现了很强烈的反应，甚至有的副总也说，要求都是“严格”的了，为什么还要“苛求”。后来，经过大家的议论，经过公司常务董事会议的研究，大家统一在“苛求”上。因为“苛求”比要求更能体现中国海外的认真严谨的企业风格与精神。我想，从管理思想上说，只是没有量化的六西格玛的管理方法。

二是包容力。文化一定要以人为本，以人为本首先要尊重人。尊重人就是理解和宽容与自己不同的各种活法。就像当年北大的校长蔡元培，以我画线不会产生先进的文化。我觉得当时的中海具有极强的包容力。刚才说的“三化”里有个“本地化”，人家都觉得很正常，不会注意，可是对于提出这个问题的孙总却是一个挑战。直到我到公司的时候，内派干部同香港同事在文化上的龃龉还时常发生。很多人不理解，为什么中资企业一定要用香港人，而且香港人还要领导内派干部。事实证明孙总做对了。在几千年的中国文化的大的背景下，改革开放后的内地文化与中西合璧的香港文化的有机融合，使中国海外在香港的市场环境中毫不游离的脱颖而出。就是这种包容力，使中国海外成为既有坚强的政治领导和铁的纪律，又有敏锐的经济眼光和灵活的管理机制的现代化企业，也因此孕育了中国海外的企业文化和企业精神。

三是文化差异。刚才说了包容力，因为有差异，才要包容。而有些差异，很难说孰优孰劣。在香港，中海人是自己做好自己的事，很少沟通交流。每天回到宿舍绝少串门，甚至连电话也不打。公司也不鼓励员工在业余时间过多地在一起。但公司频繁的组织各种方式的大型活动，比如团年饭、师傅诞、圣诞晚会、嘉年华会，还有篮球赛、足球赛、摄影比赛，员工的出国旅游以及平常节假日的短途旅游，丰富多彩，美轮美奂。而在内地的国有企业，可能大型活动和公司组织的活动稍少一些，但员工们日常都有很好的交流和沟通。尺有所短，寸有所长，大概正式的沟通交流与非政府组织的沟通交流各有利弊吧。

四是品味与风格。品味与风格是文化的一部分，文化同时也是有品味与风格的。而要说到品味与风格，还是要于细微处见精神。在香港时，孙总的工作风格是抓大不放小，对此，也有些人给孙总提过建议。不过，我倒觉得领导要在更细微处体现自己的想法，是无可厚非的。就如同一个人要对自己的内在素质负责，也要对自己的皮鞋、领带负责一样。孙总提倡的一张纸两面用，事情虽小，但体现的是一种精神，一种文化。有时小的问题所表现出来的思想，比大的说教更真切更有说服力。在中国海外，说孙总的艺术品味和修养很高，大概没有人反对。我记得在“中国海外”成立十五周年的时候，需要“服务社会、繁荣香港”八个字设计纪念活动的各种印刷品。当时我找的是赵朴初、沈鹏、刘炳森、黄绮、熊伯齐等名人，最后孙总选用的是建设部叶如棠副部长的字。事情虽小，可当时要让大家来选，或许90%以上的人要选赵朴初先生的字，一是名气大，二是写得确实好，三是莫名其妙的从众心理。然而现在看，叶如棠副部长字体的圆润、端庄、清秀，与这些年中国海外公关宣传品配合极佳，体现了中国海外的精神风貌。再说一件小事，就是当年搬写字楼的时候，在中海大厦的顶层搞了个宴会厅。孙总在搬写字楼、组建集团、筹备上市和日常的经营管理等繁忙的工作中，我陪他花了几个晚上到香港的各大商场不厌其烦地反复挑选一套合适的餐具。这种严谨，这种对公司视觉文化的一致性的责任感，真的值得我们学习。

记者：展望未来，您认为中海文化应该如何与时俱进，永保生命活力。

刘：文化的事情，不是我们想把企业文化搞好就搞好了。文化不是说出来的，是做出来的。而这个做出来，也不是为了文化而文化。我们在企业所做的一切，都是文化的一部分。刚才说了，文化更大程度上是领导人的文化。领导人的一举一动都是企业文化的导向，上有所好，下必甚焉。其实说企业的文化，也就是管理的文化，而管理的文化，管理大师们和企业家们能说出一百条。如果不把管理神秘化，跟做人没有什么区别。我想了想，就说几条平时提醒自己的做人原则与中海现在的管理者共勉吧。一是诚信。所谓诚信，是做人的基本原则，也是现代市场经济的基本原则或者基础。如果领导者利用信息不对称来达到个人的目的，企业就可悲了。二是对症下药。了解环境，了解对手，了解自身，这是制定企业战略和实施战术的前提。三是己所不欲，勿施于人。老祖宗几千年的教诲，是领导者威信的基础。同理，“只许州官放火、不许百姓点灯”也是使领导者名誉扫地的大忌。千万别在前台做秀，让同事们看的是皇帝的新衣。四是不可朝秦暮楚。看问题要综合全面。变化是正常的，但是在外部环境没有变化的情况下，只是根据某些次要因素来促成变化，看似轻信草率，其实已经严重地危害到了领导的诚信。

中国海外在香港拼搏20年，打下了很好的基础，尤其是经历了亚洲金融风暴的洗礼，如同火中再生的凤凰。尽管今天中国海外的天时、地利、人和等因素要有个新的排列组合，但我相信孔庆平总经理、厉复友副董事长和中国海外集团的管理团队是一个坚强有力的领导集体，有了政治业务水平高、有文化、有修养的领导人，用大家的聪明才智再一次达到天时、地利、人和的平衡状态，是指日可待的事。而在这种平衡状态下业绩辉煌的企业，企业文化是与生俱来的。

注：此文登载于《中国海外》2003年第2期。

彰显品牌，引领潮流

记者：今年是《中国海外》杂志创刊100期，您作为杂志的第一任主编，我们想请您介绍《中国海外》创刊时的基本情况。

刘：我非常愿意接受《中国海外》的采访。看到刊物现在的发展，作为第一任主编，确实很骄傲。《中国海外》杂志我每期都看，而且对刊物的装帧设计、文字和艺术作品都非常关注。我觉得《中国海外》杂志是一份相当不错的企业杂志，不夸张地说，刊物的质量配得上企业的质量。为了接受这个采访，我还翻看了当年的杂志。虽今非昔比，但不悔其少作，毕竟作用是相同的。要说当年杂志的创刊，我想有这样几点因素：第一，企业迅速发展，外部公共关系的需要。1992年，中国海外股份有限公司上市，从此公司走上了又好又快发展的快车道。业务捷报频传，股价节节攀升，企业的社会影响也越来越大。在这种情况下，与社会的交流沟通，更好地展示企业形象，提上了日程。其后，公司领导还专门委托我组建了公关部，使公共关系成为企业的重要职能。第二，企业迅速扩大，内部信息沟通的需要。记得是上市当年，公司总部从信德中心搬到了湾仔的中海大厦。人员多了，办公面积增加了，地盘多了，内地的业务也在快速发展，信息的沟通成为办公的重要环节。为了满足信息沟通的需要，最初的方式是由行政部编印了内部《工作动态》，受到了领导和同志们的欢迎。但随着企业发展，内部简报已经不能满足需要。第三，企业文化逐步形成，众多员工的愿望。为了增强企业的凝聚力和向心力，满足员工文化方面的需求，也为了构建和谐企业，当时公司组织了大量的文化活动，比如旅游、摄影展览、篮球比赛、嘉年华会、公益金百万行，等等。与此同时，能办一份刊物，促进和展示员工的文化生活的想法，也就逐步浮出了水面。也就是因为这些原因，我请示公司主要领导，专门写了签报，领导批示同意，刊物才正式办了起来。

记者：您担任《中国海外》主编期间，印象最深的三件事是什么？

刘：时间太长了，确实不好回忆。我说这样三件事吧。第一件事，刊物的主编实际是孙总。最初的几期，孙总从封面设计到刊物主题，都亲自把关。甚至有的文章，孙总都提出修改意见。如果你用心，可以发现，最初的几期刊物的封面设计，与当时公司的年报和广告的设计风格基本一致。每个时代有每个时代的设计风格，有每个时代的设计符号。现在看，创刊时期的设计风格确实有些过时了，甚至有些粗糙。但在当时，还是比较时髦和前卫的。第二件事，刊物没有一个专职编辑人员。如上所说，中国海外出版一份刊物，是企业发展的必然。当时的刊物是有条件要上，没有条件也要上的。当时的最重要条件就是领导的支持，而要马上组织编辑部，定员定编，都是不现实的。所以说，刊物最初没有一个专职编辑人员。除了我自己要写文章和修改文章外，行政部的赵桂臣，聂天胜同志都作了大量的工作。那个时候工作好像是一种乐趣，除了正常工作加班外，为了刊物到7、8点钟下班都是平常事。有的时候刊物要印刷了，少一篇某个方面的稿子，就叫他们两个加班写一下，填补上空白。等到我将主要精力放在公关部的时候，公关部的同事们就成了这个刊物的兼职编辑。那些香港员工为刊物做出了很大的贡献，刊物的编辑导向以及文字和设计风格都留下了他们的痕迹。第三件事，老阿陈做了很多的贡献。老阿陈叫陈海蓉。创刊初始时期，老阿陈的贡献是最多的。当时行政部能写作的同事很少。老阿陈是香港员工，平时酷爱写作。他经常写一些稿子投到《文汇报》等报纸，而且经常登载出来。作为一个文化水平不高的行政部司机，真是难能可贵。老阿陈对刊物很有热情，从组稿到写作，而且包括校稿，都积极参与。他工作很忙，每天要出车，但只要一有空，就埋头改稿写稿，毫无怨言。要说开始的几期刊物都经过他的手，名不虚传。按照当时情况，把老阿陈称为刊物的第一个兼职编辑，也是当之无愧的。当然，他的稿子要经过大量的修改。记得有一次他写了一首诗，立意很好，但是要发表，要改掉很多的硬伤。公文是要按照领导意图改的，文学作品给人家改了，总是觉得不妥。可老阿陈欣然接受，这种放弃个人面子以刊物质量为重的心态，确实值得尊重。

记者：您如何理解中海的企业文化？

刘：几年前，《中国海外》杂志编辑部就中海的企业文化对我作了一次采访，好像是以《品味与风格》为题登载的。记得当时我从中国海外集团是怎样发展起来的和它所形成的文化是怎样的两个方面回答了问题。我当时说，“我觉得文化的极致是一种平衡的状态，是一种在企业或者在组织中的人处于快乐的工作状态。”对于中海企业文化的特点，我说了这样几条：一是严格苛求，二是包容力，三是文化差异，四是品味与风格。到现在，还是这个看法。不过，通过这些年对中海集团发展和中海企业文化发展的观察，也通过对企业文化理论的学习，我感到还有一点值得提出，那就是企业与员工的心理契约。专家说，心理契约是员工与企业之间的隐性契约，核心是员工满意度。心理契约大致有七个方面：良好的工作环境，任务与职业取向的吻合，安全与归属感，报酬，价值认同，培训与发展的机会，晋升。心理契约的主体是员工在企业中的心理状态，用于衡量员工在企业中心理状态的三个基本概念是工作满意度、工作参与和组织承诺。而这个核心的员工的满意度，就像老百姓对社会的满意度一样，是一件非常微妙的事情。我个人觉得，作为契约的双方地位是不均等的，企业毕竟强势一些。而当组织承诺失效，员工的期望得不到满足，员工的满意度肯定不高。

作为弱势一方的员工，自然会用各种消极的方式来对待组织的失信。由此我觉得，心理契约最终表现为制度的严格和领导的诚信。制度属于刚性的、显性的、明确的契约，诚信属于柔性的、隐性的、含糊的契约。中国海外集团在心理契约的七个方面都做得非常好，并形成了以此为核心的企业文化。员工的工作做得好与不好，将会得到什么样的奖励和惩罚，非常明确。即使受到了惩罚，员工的自责会超过埋怨，因为制度明确，违者受罚。而作为企业的领导，言必信，行必果，一诺千金，无感情用事，无法外开恩，论功行赏，员工自然满意。

记者：应该如何看待企业刊物与企业文化建设之间的关系？

刘：这一点我没有研究，我想是不是可以说这样几条。第一，企业刊物是企业文化建设的重要组成部分。第二，企业刊物是企业信息沟通的重要平台。第三，企业刊物是增强企业凝聚力、向心力的重要载体。第四，企业刊物是展示企业形象、推进品牌建设和加强公共关系的重要工具。这些话说得有些像教科书，有些像官话。但是一个企业发展到一定时期，尤其是发展质量得到社会充分肯定，有着辉煌未来的企业，有一本好的刊物实在是必须的。它的存在，不是做秀，而是锦上添花。

记者：您对《中国海外》刊物未来发展的要求和期望是什么？

刘：考虑得不全面，我说这样几点：第一，要质量，要做精。不但是装帧设计，还有文章和艺术作品的质量。要有观点，要给读者大量的信息。每期要有编辑重点和精品文章。第二要做出特色。首先要与企业的形象和品牌吻合，恰当地表现了企业，就是独到的。其次要办得与其他的企业杂志有所区别，有其独到的地方。这个独到的地方，就是刊物存在的价值。第三要领导和员工参与。要有专职的写手，同时也通过员工投稿发现人才。如果领导能够经常地写些文章发表在刊物上，无论是公事写作还是文学写作，甚至一些小的随笔，都是非常好的事情。第四，要有广泛的渠道。那个时候大家都很喜欢这本刊物，发放的时候，大家要很多，也报来很多的发放单位和个人。直到现在，我碰上了北京当年外界的同志和朋友，他们还在说，你们的《中国海外》杂志我经常见到。这一点要感谢现在编辑部的同志，他们有中海认真细致的工作作风，对刊物原来好的地方也是一种尊重和继承。第五，刊物也要创出品牌。国内和海外有几个大的企业，刊物做得非常好。读他们的刊物，真是一种享受。虽然这些刊物不是公开发行，但是大家口耳相传，主动地找，主动地看，也是经常的事。《中国海外》的办刊条件非常好，领导支持，同志们支持，有着广泛的影响，已经达到了一定的高度。衷心希望《中国海外》越办越好，引领企业刊物的潮流。

注：此文登载于2010年《中国海外》杂志第2期，总第100期。

做好监事会的事情

一项工作在手，谁都有使之达致完美的冲动。然而对于监事会，达致完美的环境和路径，却好像一片刚刚播种的土地，还有待于我们施肥、浇水、灭虫、除草……

在中国建筑股份有限公司第一次监事会上，我说了理论探索、实践创新、责任落实、个人尽责四句话，作为对各位监事的要求，也作为监事会工作的追求，得到了监事们的认可。

就理论探索来说，企业的监事会是一个行动机构，理论的探索与建立不是监事会的职责。但理论是指导实践的，对所从事的工作一片茫然，不会有好的效果。在探索中实践，在实践中探索，才是我们的工作路数。我国采用二元制公司治理模式，同时设立董事会和监事会，形成制衡机制，来保障企业的健康运行。监事会是公司法人治理结构的重要组成部分，重在对公司规范运作和董事、高级管理人员职务行为的监督，以保障企业合法、正常经营。但监事会制度在我国实行的时间不长，其效果尚不够明显，可借鉴的经验不多。我国《公司法》虽然对监事会的职责做出了明确规定，但缺乏行之有效的操作细则；企业一股独大和股东缺位，使得公司内部人控制状况严重；监管部门把注意力停留在公司的决策和运营层，忽视了监事会作用的发挥，一定程度上造成监事会机构不健全、人员不专职、监督无手段、费用无保障、效果无评价等现象。如何在现有的法律框架下，本着合理调配资源、提高工作效率、落实监控手段、注重监督效果的原则，达到股东满意的工作目标，就需要我们探索理论，研究制度，寻找合适的工作途径。

就实践创新来说，面对国内企业监事会职能普遍弱化的现状，面对我们管理链条长、管理跨度大的现实，如何发挥股份公司监事会的作用，使其职能落实到位，唯有实践创新。比如，股份公司监事会与国务院国有企业监事会的关系，尽管工作性质和对象不同，但是如何服从领导、配合工作，如何借鉴国有企业监事会暂行条例的有关条文，使股份公司监事会的工作更有可操作性，都是需要在实践中思考的事情。再比如，股份公司监事会与工程局等下属企业监事会的关系，是两个独立的体系还是有上下级的关系，他们的工作该如何协调，他们的工作接口在哪儿，下属企业的监事会该如何工作，也是需要我们在实践中摸索创新的。在实践过程中，监事会制度必须与企业的外部环境和企业的实际情况相结合，在管理实践中不断完善。制度本身不能解决所有问题，尤其是在实践中有待完善的制度。因此，本着实事求是的精神，在符合法律的前提下，大胆实践，勇于创新，就显得非常重要了。

就责任落实来说，如何实施监事会的监督职能，我咨询了国内几家国有企业的监事会主席，尚无成型的经验可以借鉴。我们考虑，首先是找准定位。既严格履行职责，又不越权，不给企业增加额外的负担。其次是找准切入点。按照监事会的工作职责，抓住重点人员、重点部位，而不是眉毛胡子一把抓。再次，充分利用公司内外部资源。比如国务院国有企业监事会的领导和指导，比如股份公司纪委和监察局的效能监察成果和案件线索，比如股份公司审计局的审计报告，比如公司证券业务代表及其他相关人员的协助，比如职工代表的提案，等等。第四，设立日常工作机构，完善各项工作制度。尽快使监事会办公室正常运转，从日常工作抓起，建立工作制度，逐步使监事会工作制度化、规范化。

就个人尽责来说，中国建筑股份有限公司第一届监事会的组成，充分体现了各方股东对社会的承诺。监事会由三位股东代表监事和两位职工代表监事组成，既考虑了监事财务、资金和审计方面的业务专长，同时也考虑了其他发起人和基层单位。股份公司发起章程第一百三十三条规定监事对公司负有忠实义务和勤勉义务。由此生发开来，个人尽责的基本要求：第一，对公司忠诚，不做违法的事情，不损害公司的利益；第二，由于监事都是兼职，要主动地付出更多的劳动；第三，勤于学习，发挥各位监事的专长和潜力，形成合力。比如，中华全国总工会总工发［2006］32号《关于进一步推行职工董事、职工监事制度的意见》规定，“职工监事要定期监督检查职工各项保险基金的提取、缴纳，以及职工工资、劳动保护、社会保险、福利等制度的执行情况。”落实这个规定就是职工代表监事的当然职责。

能够成为中国建筑股份有限公司的监事，我们深感责任重大，同时也深深地感到总公司党组以及各位领导、各方发起人和广大职工的信任。我们一定会勤勤恳恳，战战兢兢，不辱使命。

我们坚信，无论阴晴旱涝，无论寒暑风霜，符合自然和社会规律的劳动，是收成的保证。中国建筑一定会姹紫嫣红，硕果累累！

注：此文2007年12月发表于《中国建筑》杂志。

文章是这样写成的

将办公室的地扫干净，打了四壶开水，还没有在座位上坐稳，玉奎儿就像风一样卷到我面前。“马上代肖桐董事长写篇文章，说明总公司成立的目的、意义和发展前景，过两天见报!”当我带着惊愕的神情想向他申明，一个刚毕业的学生对行业和企业了解还不多的时候，玉奎儿已经转身走了。好像知道我要说什么似的，他一只手在后边摆了摆，飘回一句话，“就这样，就这样!”。我吭哧了一天多，划拉了一个连我自己都不满意的稿子，忐忑不安地交给了玉奎儿。玉奎儿脸上没有什么表情，眼睛飞快地在稿子上扫了一遍，拿起笔、胶水和剪刀，开始了他那旋风似的操作。只见他一会儿落笔如飞；一会儿狠狠地打个大叉，删掉整整一页；一会儿从前边剪下几行，贴到后边；一会儿又在干净的稿纸上写下一段，贴在某一页的下边。如果不知道这是业务基础扎实的脑力劳动，真以为他是一个厨师，在烹制自己得意的拿手菜。在我还沉浸在他精彩的“表演”的时候，改过的稿子已经“扔”到了我面前，“去，抄一遍!”整个过程不到一刻钟。抄写的时候我看了下，属于我“原创”的文字，可能还剩不了十分之一。当时建筑口的文章高手们，比如廉仲、杨慎、广水、王弗，等等，他们对玉奎儿的文章工夫，都是交口称赞。我知道，要是他自己写，绝对不用加上一天等待的时间。

一日，程应鍠同志见我在资料室翻阅资料，就问我在看什么书。我说白瑛同志的《建筑企业管理》。他说，你觉得建筑企业和基本建设企业有什么区别吗？现在报纸杂志都认为建筑企业是基本建设企业。我说还没有关注。他说，你查查看。随手给我找了几本书，还说了几个刊物的名字。过了几天，我将我的感想告诉了他。他说，你为什么不写出来？当时刚走出校门，跨入一个新的行业，什么还都不清楚。但我还是按照老程的意思，将查到的资料和我的想法写成了文章。老程前后帮我改了几次，然后说，交给《建筑经济》杂志吧。我一脸错愕，文章这么容易？再说，从观点到文字，基本是老程同志的。很快，《建筑经济》将《不能将建筑企业叫作基本建设企业》的文章发表了，署名是老程和我。文章不长，但是在当年还有些影响，不久文章被收入了《建筑经济论文集》。

时间过去25年了，我现在的年龄已经是玉奎儿当年的年龄了，老程同志也离开我们多年。我总是在用老领导的榜样反思自己，我是不是给了我身边的年轻人足够的平台，我是不是为他们做了些什么？

注：1. 此文2007年6月登载于《中国建筑》25周年特刊。
2. 玉奎儿，刘玉奎，时任国家建工总局政策研究室主任，国家机关改革后任中建总公司办公室主任。
3. 肖桐董事长，时任国家建工总局局长；国家机关改革后任城乡建设环境保护部副部长兼中建总公司首任董事长。
4. 程应鍠，时任职国家建工总局政策研究室干部。

也是激情燃烧的岁月

——《中华建筑报》十年有感

正在欧洲考察。

《中华建筑报》的邓千总编辑来短信："报社风雨十年，下月举办十年感恩招待会、中华建筑报音乐之夜。现正在筹编纪念册。您是报社的第一任社长，殷切希望您能抽空写点文字"。因为毕竟是和邓千同志一块把这张报纸拉扯大的，对这份报纸很有感情，东西一定会写的。但写什么，真是觉得无从落笔。倒是短信中"十年"两字，使我心里忽闪了一下。十年了！当年几乎白手起家的这份报纸，竟然已经轰轰烈烈地走过了十年的风雨岁月。

《中华建筑报》最初叫《建筑报》，是当时的中国建筑工程总公司总经理马挺贵同志和党组书记张青林同志高瞻远瞩，从行业和企业发展的高度，决策筹办的一份既为行业服务，也为企业服务的报纸。经与中国建筑第二工程局领导协商，将二局报纸的公开刊号转给了总公司，使《建筑报》得以正式启动。后来，根据行业和企业的工作需要，经国家新闻出版署批准，改名为《中华建筑报》。

风雨十年，我觉得有几个值得肯定的地方。

首先是艰苦创业，不屈不挠。成立之初，没有办公场所，没有办公设备，原来中建总公司内部集团报纸的三个人，加上邓千，成为最初的员工。中建总公司同意拨付部分启动经费，但是很长时间没有到位。当时有大量的手续要办，大量的工作要做，同志们办事都是打的、自行车，或者步行，根本没有汽车。他们租了别的单位的仓库，稍加整修，作为办公室。请人家吃饭，也是精打细算。甚至有的同志为了报社的发展，个人借钱交给报社使用。由于启动工作困难重重，经常是刚刚听到好消息，一会儿就是坏消息。但是大家从来没有气馁过，希望总是向着最高的目标。也就是这种百折不挠的创业精神，成就了报社的迅速发展，成就了报社良好的风气和文化，成就了一批综合性的人才。

其次是创新思维，敢想敢干。由于认真实践为行业和建筑企业服务的宗旨，报纸得到了各界充分的认可。为了得到更广泛的影响和更大的读者群，同志们总是在考虑报纸的定位、版面的设计、热点的分析、苗头的提炼，等等。《住》周刊是《中华建筑报》首创，开中国报道房地产业务专刊的先河。该刊发行量一度几万份，而且北京的报摊开始零售。后来的一些建筑材料以及装饰专刊的创办，都为行业的新闻报道提供了借鉴之路。俞正声同志刚刚就任建设部部长，视察的第一家建筑业媒体就是《中华建筑报》。他给予《中华建筑报》极高的评价，并且题词勉励。中央和北京市的领导经常询问报纸和有关新闻情况，对一些报道和提法表示关注。那个时候，总觉得报纸天天都在思考新点子，员工的思想也极其活跃。偶尔有些来自上级和外界的负面反映，我也总是为他们解释。因为敢走新路，总是要磕磕碰碰，引导他们，爱护他们，才能使这棵幼苗茁壮成长。

再次是五湖四海，任人唯贤。没有人，报社是无从发展的。我记得报社从几个员工发展到将近100人，也就仅仅用了2到3年的时间。当时进入报社领导班子、部门任职和新分配的研究生、本科生，我是要面试的。其他聘用人员都是邓千来决定。邓千很大度，也不计较小事，所以来自四面八方的员工，都有了展示才能的机会。虽然不时有些小小的摩擦，但是看到报社发展的形势，大家都明白，这是成就集体和个人事业的良好平台。那么多不同的背景和经历的同事集中在一起，形成了超强的凝聚力和良好的文化氛围，真是叫人振奋。邓千本人也由于《中华建筑报》的快速发展和影响，获得了国家新闻出版署授予的优秀总编辑称号。中国新闻工作者协会建筑业分会也设在中华建筑报社，报社还为建筑系统评选了全行业的新闻中级职称。

当时的《中华建筑报》不但在行业的新闻宣传方面具有相当的影响力，而且对中建总公司也发挥了良好的作用。报社的经费基本都是自己经营活动挣来的，没有采用拨款和内部摊派的方式。总公司内部订阅仅仅是很小的一部分。由于中建总公司利用《中华建筑报》公平公正地报道了行业情况和各个建筑企业的情况，拉近了中建总公司与政府以及行业内各个单位和企业的关系，扩大了中建总公司在行业的影响。各省建委都成立了记者站，建设厅长或者副厅长担任站长。每年的记者站长会议，各省都争着主办。在很多经营管理的事情上，《中华建筑报》成了中建总公司和外界的桥梁。中华建筑报参与的国际会议、举办的论坛、组织专家学者的热点问题座谈会，不胜枚举。一段时间，《中华建筑报》成为中建总公司探讨理论、研究问题、总结经验、交流情况、沟通传媒以及构建和谐公共关系的重要平台。

担任《中华建筑报》社长的五年时间，使我个人得到很多的锻炼，也增长了很多的才干。我个人体会，要办好一份报纸，或者领导好一份报纸，第一还是要诚信，要出以公心，什么事情不能都把自己摆到其中。过于关注某条新闻发了对自己会有什么影响，或者关注对某个人宣传的方式和口径，报纸是办不好的。自己说好，得不到社会公认，是没有用的。第二是要注重团体的氛围。凡事要宽容，要有一颗感恩的心。心胸狭窄，领导当不好，文化氛围也不会好。尤其是认为自己的一切所得都是应该的，缺少一颗敬畏和感恩的心，那就什么事情都不会维持很久了。至于一些技术业务方面的事情，我觉得那都是从事业务工作同志的基本要求，不该作为标准提出的。

后来由于工作调整，我不再负责中建总公司的公关宣传工作。再后，鉴于一些客观原因，报纸由中建总公司主管转给了中国建筑装饰协会主管。最近的五年，尽管邓千和同志们有时还同我联系，我对报社的了解就不是很多了。如果说对《中华建筑报》有几句要说的话，我觉得在中国建筑装饰协会马挺贵会长和徐朋副会长的领导下（他们是中建总公司的老领导，也是我的老领导），《中华建筑报》保持当年创业时期的精神，艰苦奋斗，大胆创新，敢想敢干，定有所为。建筑装饰行业是个飞速发展的行业，也是处于转型期的行业，相信《中华建筑报》一定能借力这样强大的依托，走出自己发展的新路，成为建筑行业的重要传媒，成为中国传媒行业的生力军。

注：此文登载于2006年9月《中华建筑报十周年纪念册》。

《中华建筑报》十五周年感言

作为当年创建《中华建筑报》的参与者和首任社长，我对她确实有一份特殊的感情。知道《中华建筑报》还活着，而且活得很好，心里特别高兴。就像自己的孩子，无论走到哪里，那份感情，总是割舍不下。

《中华建筑报》是有灵性的，好像五年左右就是一个轮回，总会有些事情发生。而今，风风雨雨总算过去了。经过艰难困苦的洗礼，《中华建筑报》长大了，有出息了，正在昭示着辉煌的未来。

《中华建筑报》应该活得更好，因为她有着蓬勃发展的中国建筑业以及装饰行业的支撑。在这样威武雄壮的舞台上，有着数不清的可歌可泣的故事。为其手舞足蹈，吟唱歌咏，是行业传媒的一件幸事。

《中华建筑报》应该活得更好，因为她总是走在行业前面，总是在思考创新的路径。从创刊后的体制机制，到中国第一份专门报道房地产业务的《住》周刊，她总是在探索寻求。怀抱着这种勇气和追求，她会走得又好又远。

《中华建筑报》应该活得更好，因为她有一个有战斗力的领导团队。报社的发展，使我们看到报社领导团队的稳定、执著、能力和责任心。在这支团队的领导下，我们已经看到报社上上下下的努力和成绩。

十五年过去了。《中华建筑报》活得精彩、光鲜，朝气勃勃。我们有理由相信，从现在开始的五年、十年、十五年，《中华建筑报》会给每一个关心她、支持她、热爱她的人一个更加满意的答复！

注：此文登载于2011年《中华建筑报十五周年纪念册》。

《随园》随想

一

本来把《随园》比作苔花的，自认为很贴切，大家也这么说。可当苔花一朵朵绽放，眼前幻化成一片花的海洋时，我却有了新的感觉。每当拿起《随园》，总是想起魏武帝《观沧海》的诗句，“日月之行，若出其中；星汉灿烂，若出其里。”魏武帝说的是海，可拿来形容我们的《随园》，再贴切不过。

最初的愿望是为大家创造一个园地，增长知识，提高技能，有益沟通。小小的苔花开在清晨，开在夜晚，开在婴儿梦中绽出甜甜的笑容之后。

正因为其小，才可以承载我们细微而并不神圣的感情，才可以让我们知道同事的一个喜上眉梢的笑和一个似有似无的叹息。

正因为其小，才可以砌上我们一块又一块粗糙的砖，甚至是一颗石子，一粒细砂。

正因其为小，才可以使我们在屋檐下，在古树边，在山石后，在人们不经意的地方，注意到连我们自己也不经意的存在。

我们捧着苔花，目不转睛地看。我们知道地球上有一个所在叫海，但海太遥远了，太浩瀚了。我们没有望洋向若而叹，因为海不是我们的愿望。

可突然有一天，全世界的声音汇成一个巨大的轰鸣："海！海！海!"是的，海到了。我们溶入了海。我们就是海。

原来我们的每一朵苔花，就是一滴滴海水；原来我们友善地凝聚在一起，就变成了海；原来小与大的思辨并不是哲学家的专利；原来周总理说的"只问耕耘，莫问收获"是那么深那么深的人生道理。

因为我们走到了一起，因为我们努力地工作了，因为我们为工作放弃了那么多那么多，因为我们的放弃使那么多那么多的人更好地工作和生活……

二

《随园》创刊于1997年4月，转眼4年多了。老主任赵国栋、书法家谢瑾、歌唱家韩中、财务部姚新宾总经理、政工部张勇平主任和海外部孙明总经理慷慨赐文赐字，不吝指教。在此，我代表原办公厅的同志们对他们表示衷心的感谢。

4年多来，办公厅的同志们几乎每个人都在《随园》上发表了作品，而且不止一次，他们都是刊物最基本的作者群，也是读者群。说到读者，除了他们自己，就是几位老总、几位老主任和极个别的部门经理。《随园》最初的目的也是最终的目的是十分明确的，刊物是为自己和自己身边这个集体创办的，她没有广告的功能。同志们似乎也同意这样一个选择，所以，每一本都弥足珍贵。

也有外部门的同事知道这本刊物，总是在第一时间向我们的编辑索要，但那很少，对于他们的关心，我们这厢有礼了。

我还想感谢办公厅的下一代，他们有的用作文、有的用照片、有的用图画积极地参与这项事业，也有的让父母捎来对刊物的见解，使我们感到来自童心的撞击。

三

《随园》的第一任主编是徐清文，这位川大的才子，经常信笔游缰，涂满几页草稿纸，去与《人民日报》的编辑们开玩笑。可报纸的编辑们却将计就计，总是端端正正地把他的文章印出来。他是《随园》逢山开路、遇水搭桥的创业先锋，我们谢谢他。

林萍便是《随园》的第二任主编了，这位哈工大十大杰出青年之首，临危受命，砥柱中流，为《随园》的巩固提高做出了至关重要的工作，我们就不谢谢她了，因为她自己要求离开中建。转工之后，还埋怨我为什么不挽留她。

毛磊成为《随园》的第三任主编之后，《随园》也像他的性格一样，腼腆起来。不过他编辑的这一期却轰轰烈烈，使人感到有张飞、程咬金和李逵的架势，着实了得。刘玉奎主任轻易是不表扬人的，他对我说，“要讲天文地理，五行八卦，毛磊说得清。”如果我理解得不错的话，老刘主任那八个字是包括工作、学习和做人的。

《随园》是我们大家的刊物，为她出力的人太多了，比如，蔡文平、黄喜庆和杨旭，还有王浩、李敏，等等，等等，恕我不一一点名了。

四

办公厅不同于总部的任何部门，在办公厅工作的同事之间显示了巨大的文化差异。也就是《随园》，使我们找到了共同的基点。在这个基点上，我们创造了崭新的、属于我们自己的文化。我们认可她，我们珍惜她，我们维护她，我们发展她。张勇平主任曾在文章中为我们的作者分过类。按她的思路，我想，属于“本色亮相”一类的应该有许雄威、董大平和赖刚三位主任，在这后边的长长的名字是江敬娴、杨景姝、钟阿萍、李少英和胡丽萍，等等。属于“有感而发”一类的应该有聂天胜、王毅强、葛继梅、于正乾、秦玉秀、张效平、王金成和王南以及更多的人。还有一类我不知如何称呼，有文字也有内容，或者可以叫做“百科全书派”，他们是陈为强、蔡文平、王军和李君等等。他们为我们勾画了经济、管理、外事、建筑和旅游等各个领域的知识。为强在2001年第一期《随园》上的文章《千年的边界》，登载在哪一本管理杂志上，也是出类拔萃的。我们还有一支庞大的作者队伍，就是近年来分配的学生，他们的文字有水平、有内容、有激情，同时也为我们提供了外界令人眼花缭乱的信息，实在该谢谢他们。想了半天，还是把陈莹归到这一类，虽然她早来了几年，但从内在到外在，让她做这个队伍的领军，该是实至名归。

五

一夜成名不仅仅是对那些作家和明星说的。当王满环小心翼翼地把她的作品送到《随园》，办公厅的同事才突然发现，这位坐着扶贫的车来自宁夏的不显山不露水的打字员，竟有这样深沉的感情，这样漂亮的文字。同事们被她的《我要远行》惊呆了，至今津津乐道。与她相仿，还有我们的机要交通袁慧晶和周本博，当他们的《三十年的苦闷》和《逛庙》出现在《随园》上，我心里真有说不出的高兴。好像同上帝打了个赌，他们写出文章来，我赢了。秘书金成镐属于后发制人一类，观察了许久，酝酿了许久，才在第七期上推出了《学打桥牌》。把英语和朝鲜语说得那么连贯的他，竟然把中文也写得平实冲淡，这是一个境界，非一个“好”字可以包容。做梦也没有想到，当年被人形容“浓得化不开”的徐志摩，在近2000年还能大红大紫。要说袁向平的文章也属于“浓的化不开”，不知是表扬了徐志摩还是批评了袁向平。袁向平属于办公厅的“另类”，要说感觉的敏锐和文字的精细，她在办公厅是超一流的。

六

“日月之行，若出其中；星汉灿烂，若出其里。”我们曾经共同拥有这本《随园》，我们曾经共同拥有我们创造的文化。虽然我们就要奔向新的岗位，可我们是海，我们是海的一分子；我们有文化，我们是文化的传播者。这一次，张勇平主任真的要接手《随园》了，让我们为《随园》祝福，让我们用创新的思想、充实的生活和精美的文字去撰写我们的《随园》，撰写我们的企业文化，撰写我们的未来。

那么多的水滴组成了海。

那么多的浪花在海上飞溅。

当夜的天空和夜的大海浑然一体，天上的星星变成了闪光的水滴和浪花，闪光的水滴和浪花也幻化成天上的星星，我们不知道是无边无际的大海在旋转，还是无边无际的宇宙在旋转。

日升了，月落了，年复一年，成为永恒。

海在地球上，地球在太阳系，太阳系在银河系，银河系外又有河外星系。时间与空间，无穷无尽，无边无际。

知道了自己小，就会低头看一看土地，把脚踩踩实，多做几件有益于人民的事。

知道了自己大，就会抬头看一看天空，把目光望得更远些，珍惜集体，珍惜环境，珍惜友谊，让世界充满爱。

注：此文2001年6月登载于《随园》2001年第二期。2001年，中建总公司大幅度机构改革，人员、部门调整。由于《随园》的影响力，政工部希望由他们接手编辑。此为最后一次应约为《随园》撰稿。

路还长，我们一块儿走

大家共同长了10几岁，想的事情渐渐趋同了。近些年，总有当年办公厅的同事提议，抽时间见见坐坐聊聊。见了面，《随园》是回避不了的话题。于是，合刊《随园》的呼声渐高。几个那段特定时间文化的鼓噪者，逢山开路，遇水搭桥，又一次展示了有凝聚力、有执行力，特别能战斗的风采。我除了被要求提供当年全部原始期刊之外，也和大家一样被要求写一篇文字，表达心境。需要说明的是，工作几乎挤去全部业余时间，甚少深入思考的闲暇。一篇文章磕磕绊绊，历时数月，想说清楚事情有些难。好在《随园》已经成为历史，每个人记忆的残片，恰恰幻化成我们心灵中的完璧。

人这一辈子，从坠落人间到飞升天堂，除了心理和生理的起落变化以外，在人与人的关系上也有一个起始和回归的过程。最初该是亲情，之后是友情，接着是爱情，然后再渐次回归。当你满怀同情地最后看尘世一眼，四野阒寂，心中有句曰：华枝春满、天心月圆。当你驮着沉甸甸的亲情友情爱情敲开天门，那是人生的另一种造化。

这些年，办公厅的兄弟姐妹们将本来渐行渐淡的工作关系孕育成一种友情，是思绪在飘荡中的交集，是感觉在灵魂深处的寄托。这种升华，是我们每个人的福分。同样走过的路，同样经过的时间，我们得到的更多，我们更富有。有这样一个集体，一辈子有想头，有盼头，有嚼头。可能是从娘胎里带来的，我们大事小事总想与人分享，这是群体中的个体独享的待遇，或许是为了生存、必须协力而留下的遗传。好事为集体带来快乐，为个人带来虚荣，也提升个体在群体中的位置。坏事则博得同情、减轻痛苦、得到援手，同时达到群体稳定的目的。

时间给了我们更多回忆的资本，是煎熬在痛苦中，还是沉浸在愉悦里，那是我们个人当初的选择和投入。我很庆幸："你选择了我，我选择了你，这是我们的选择"。

雄威、大平和赖刚，我们至今都是好朋友。支撑那些时日的，就是当初大家都从集体的角度思考问题。集体的荣誉至上，个人的诉求就一定程度上受到弱化。记得那时是交叉任职体制，马总和青林书记的很多事情我都要同时或者分别陪同，出差和各类事情很多。我不在单位的时候，他们敢于承担，敢于作主，或事先决定，或事后通报，从来不推诿扯皮。我也从来不会因为他们事先决定了什么，而向他们兴师问罪。他们想的和我想的一样，一事当前，事情如何办，如何办好，是最重要的。有了这样的定位，就不会计较个人权利的大小。

江山代有才人出。学选、建国和玉秀都在总公司层面工作了，到部门和二级单位任职的同志也很多。从办公厅出去的同志，到了其他单位、公司或者自己创业的，发展都不错，有些我们还有联系。像当初不显山不露水的殷丽娜，真的是凤凰涅槃。或许某一天你参加一个文化活动，身边是京西第一拓女，拓片领域，成绩斐然。你可以试着小声问一句，您是殷丽娜吗？

到现在我还为当初下决心自己直接到学校和总公司人事部挑选的6名学生感到骄傲。董波、成欣和姜咏玲还在公司发展，全河、林萍和李菁华走向了更宽广的世界。

他们的加盟，使办公厅人员年轻，素质提高，活力陡增。一个关心集体的人，是素质的体现。有素质的同志当然能力强，而能力强的同志，一定会有好的前程。几个同学，总是提醒我，该做什么了。他们是策划者、组织者，同时是最积极的参与者。那段时间是办公厅活动最多的时期，也是最活跃的时期。从总公司活动的主持人来说，到现在为止我觉得也没有超过当初全河、董波和姜咏玲的年代。

当时的总公司部门，由于工作性质原因，办公厅人员素质跨度最大。虽然分工上多有不同，但当时的办公厅没有弱势群体，每个人都能在组织中找到自己的位置，都可以展示自己闪光的地方。记得办公厅有一次活动，还专门评选过最滑稽奖、最爽朗笑声奖等等。大家有一次设计用方言或者外语表演节目，结果能数出来的语言有英语、法语、意大利语、阿拉伯语、日语、俄语、朝鲜语，等等。有趣的是，有的人可能在工作中担任一定的职务，但在组织中的话语权还不及一个普通的同事。提供条件，使每个人有发挥长处展示特色的机会，才是一个好的集体。

王满环的《我要远行》始终是《随园》刊发的不错的一篇稿子。记得当初清文对我说，这篇文章有感情有内容，他作了较大的修改，希望我看看。我作了些修改，并且加上了最后一句话。刊物发放几天之后，偶然机会黄玺庆见到我，问那篇文章是谁加的最后一句。我打开当期《随园》扫了一眼说，原来是我，现在我加的成倒数第二句了。黄玺庆长出了一口气说，那我就放心了。黄玺庆，北大才子，是个“文人”，性格很直率，表达很直接。从那件小事我悟到，一个是给同志们表现的平台和必要的帮助，使他们增加对自己的信心；一个是自己要提高素质，不能做得太差。从那之后，王满环对自己很有信心，路走得也很顺利。那篇文章的最后一句确实有些蛇足，如果是我加的，黄玺庆一定很失望，说不定影响他今后对领导的态度甚至波及对这个集体的看法。

说实话，把一个集体调整到这样不容易，不能光有宽松宽厚，还要严格纪律，公平公正，形成文化。感谢景妹的文章保留了我的那张纸条，要不我对自己这些年是不是敢于管理、严格管理，还真证据不足。我相信当时大家的行为只是一种惯性，如果不推不动，就沿着某个方向一直走下去了。而推了动了，大家感觉到好，就主动地往你希望的方向迈进了。有的时候很多人并不知道什么是最好的，需要你的引领。就像乔布斯给我们的苹果，原来手机还可以这样玩。领导作了这件事，才称职。

春兰秋菊，差异使美的构成更加完整。当然，事物越完美，就距离我们越远，人也一样。当时如果没有聂头的愚钝、晓宝的搞笑、成镐的恣肆、清文的不羁、王伟的憨笑、向平的清高、敬娴的霸道、徐静的蛮横、慧晶的海量、本博的守拙……这个集体真的不会像今天大家回忆的那样五光十色、美轮美奂。你的回忆里，或许有这样一幕：在纷乱的人群边上，满脸胡子的葛继梅旁边站着手拿话筒的于正乾，一口山东腔地唱着“都说冰糖葫芦酸”。恕我不一一点名了，我请陈莹将当时办公厅同志的名字罗列出来，当年和现在我们都有位置。说到这里，忽然有一种感悟，之所以大家将我这个领导始终放在集体中间，一直带着我玩，或许就是因为我不完美，和大家距离很近。某些领导因为私欲膨胀心胸狭小、又做出完美和不食人间烟火的样子而被组织抛弃的情况，并不少见。或者说，上级赋予权力，但是组织没有文化力，领导没有人格魅力。真是小20年了，当时伤到的，在这儿带着利息抱歉了。路还长，我们一块儿走。

感谢那些参与编辑和为《情忆随园》撰写感想的同事，他们又为我们共同做了一件事：延续情感，滋润心灵。这是一种状态，由于她穿越时空，穿越组织，我们甚至很难用经常说的文化来界定。语言仅仅是对事实的近似描摹，因为事实是一种无法表达和复述的存在。我们有了心灵的感觉，我们需要语言表达，语言需要文字记录，文字记录又想放到我们创造的思维体系之中。我们做了一件多么难而又难的事情。其实，比语言更加真实的是我们的行动，比如一个眼神，一个拥抱，一种群体集中到一起的氛围。我们也因为这个集体而有着骄傲、动力、依赖和对美好生活的期盼。

一个组织的阶段已经过去多年，如果她还是那些曾经身居其中的人的情感寄托，说明她当初的辉煌和意义。《情忆随园》是又一次行动，她使我们更加地互相了解、互相信赖，友情更深、更浓、更重。

我们都在——让我们共同去体味，去滋润，让这种状态氤氲蔓延、无远弗届。

注：1. 2013年办公厅的老同事们为纪念那段共同走过的岁月，编印了《情忆随园》，应约撰写此篇文章。
2. 马总，马挺贵，时任中建总公司总经理。

什么是幸福

1978年，读爱尔兰诗人巴特勒·威廉·叶芝，记住了一首诗开头的几句：“当你老了，头白了，睡意昏沉，炉火旁打盹……”。那时候，没有生活经历，使我记住诗句的触动是那种历史感，那种对将来可能状态的提醒。

1982年，当我离开书桌，开始匆忙的人生，提醒我时间变幻的标志是，住建部主楼后门那树开了又落的桃花，香港维多利亚海峡不期而至的台风，甘家口中国建筑大厦屋顶蓝了红了又红了的LOGO。颠颠簸簸，曲曲弯弯，总是在赶路，好像从来没有想过什么是幸福。

如果说真的有一点儿心灵的悸动，有一种虚荣的满足，有一阵身心的闲适，有一刻不动声色的窃喜，会不会是周边同志在你身旁放松的身形和随意的话语，会不会是当你讲话时那些目不转睛的眼睛，会不会是激烈的体育运动之后一杯清凉的啤酒，会不会是你施以援手后内心感到的莫名的快慰?

亲情是固定的。爱情是永恒的。友情是坚韧的。当经过漫长的航程，透过云雾，看见码头上欢呼的人群，此时，卸下身心的劳顿，憧憬来日的新奇，最惦记的恐怕还是那些与你风风雨雨、在你前前后后、伴你忙忙碌碌的无怨无悔的同事。

2018年、2022年……

当我老了，头白了。或春花初放，或夏雨如丝，或秋叶铺地，或冬雪盈门，我们三五团坐，谈论着2014年的往事……

这是我的幸福观。

注：2015年4月总公司工会女职工委员会出版《中建巾帼——幸福篇》一书，邀请每位工会主席用500字说说幸福的一件事或对幸福的理解。

发展的精神

那是我参加的发展公司最后一次大会。会上，在谈到发展公司的企业精神，谈到员工的凝聚力和归属感时，我忽然想起一件往事，就对着坐在台下的党委副书记张卫东同志说，你记下的那个名单还在吗？卫东同志说还在，一直放在身边。他脚步沉沉地走上主席台，将那个揉皱又压平的餐巾纸递给了我。我一句一逗地念完了上边字迹模糊的十几个名字……全场静寂无声。我看到，台下有人在擦眼睛。

那张纸条的来历是，发展公司刚刚成立的时候，为了尽快完成文化的融合，经常搞一些集体活动，促进员工的感情交流，增强公司的凝聚力。每次搞完活动，收尾工作繁杂辛苦，剩下的总是那些热爱集体、乐于付出的同志。有一次，我对卫东说，你记下这些名字，我们给予表扬，我们发奖金。奖金没有发，我至今觉得有些亏欠，而表扬又是在那样的时刻，用那样的方式，搞得大家心里酸酸的。

说实话，搞了一辈子企业文化，说了一辈子企业精神，而现在感觉到强烈存在的，竟然是完成历史使命，已经物是人非的中国建筑发展有限公司的企业精神。每当发展公司的同事聚到一块儿，眉飞色舞地描述当年的“穷”欢乐，还是说不完、道不尽。好像时间越久长，越像发酵的老酒，甘醇浓烈，回味无穷。

2014年，正是发展公司成立10周年，在京的同事商议，既然大家都有这个情结，那就将当年的事情捋一捋，也算立此存照。大家推举陈锐军同志总领其事，刘宏昌、梁磊等才子们各负其责，事情也就算是推进了起来。还真得感谢他们，当年的公司不存在了，人都分散到了各个单位，还有很多人都离开了中建，找人找资料，组织写文章的确不是一件容易的事情。坚持到今天，拿出一本相对完整的实录，是下了大力气的。本来我不想写东西了，看了初稿，有些感触，还是想说说聊聊。

2003年的时候，中建总公司党组决定成立发展公司，统一管理除工程局、设计院以外，总公司直营的二级企业。公司组成主要有总公司组建的各类公司，1989年康华转给总公司的中建房地产开发有限责任公司，以及1998年企业与部委脱钩时，住建部转给总公司的中外园林建设总公司等若干公司。其后不久，中国建筑进出口总公司和中国对外建设总公司也划入了发展公司。这些公司中，除了个别参股企业和泛华建设集团以外，13家公司都是总公司的正局级单位。为了能够使公司运转，将当时小有盈利的装饰企业也都划入了发展公司。

当时我任总公司助理总经理，协助党组张青林书记负责纪检监察和党的建设，负责总公司临时和阶段性大事，以及信息中心的工作。孙文杰总经理找到我说，你来做方案，你来组建，你担任党委书记、董事长，你来选配干部。后来孙文杰总经理直接推荐了王彤宙同志担任发展公司总经理，我欣然接受。为了降低成本，便于运营，我们在城市建设公司总部机关基础上，适当充实人员改组成了发展公司的总部。同时，在上级领导和大家的支持下，顺利组建了公司的党委、董事会和行政班子。

我们的公司有个好名字，但是在改革发展的同时，做好清理整顿工作，当好总公司的防火墙，是更为重要的任务。当时的改革可不是一件容易的事情，很多企业困难重重、诉讼缠身，要市场没市场、要资金没资金，要人才没人才，很多具体工作都需要总部直接操刀。关于这些事，后来梁磊同志主编了一本《突围》，做了详尽的阐述。很多事务的处理，触及相关企业、相关个人的利益，有时甚至还碰到黑社会的干扰，一言难尽。刘立新同志由于妥善处理深圳中建实业股份有限公司的债务，还获得了总公司劳动模范的荣誉。我们有的干部，比如吴萍，一个女同志，直接与黑社会打交道，争取企业利益，着实不容易。初始的两年，我们收回了7015万元，清理了十几家公司，效果明显。

在业务开拓方面，在没有使用总公司贷款的情况下，发展良好。那个阶段，只要我有时间，或者我带队，或者和彤宙一块儿，跑市场、看项目、出席仪式，过得紧张充实。就是活得很艰苦的、小小的物业公司，当时也拿到了北京天文馆、中国现代文学馆、解放军电视台等商业办公楼的物业管理，逐步从总公司的一个后勤管理单位走向了市场。有了那个时候的基础，后来发展公司所属的装饰园林类企业和三局的装饰公司组建了目前的装饰集团。城市建设公司现在是六局的主力企业，从一个仅仅8000万营业额的企业，到了现在50多亿元的营业额。当时提拔的城市建设公司总经理姜旭后来担任了六局的副局长，接任姜旭的尉家鑫，现在也成了六局的副局长。他们每次叫我参加活动，我都感觉到，发展的精神，还在这里完好地保存着。

企业的来源不同，文化不同，除了管理体系要建立之外，统一文化是重中之重。这种文化的融合和认同，的确是我们最初的努力方向。而通过各种工作取得的显著成效，直到现在都给我们无限的惊喜。当时来自四面八方的几个呼风唤雨的大佬给予了足够的宽容与支持，张小轩、孙英林、王泽民、刘立新、孙明、刘晓一、张玉军、程泽华、张楠，都是当初住建部和总公司任命的正局级干部，转眼之间成了总公司三级单位的领导。协调这种落差，同时将住建部、康华和总公司的文化风格、行为方式有机融合，实在费尽脑筋。当然，总公司在考虑干部使用的时候，还是充分考虑了他们当年的级别，他们当中的几个人，党组曾经动议是否调到某个工程局担任局长或书记等职务。

至今我都很感谢发展公司的第一任总经理王彤宙同志。彤宙在中建是位以强势著称的领导，或许很多人都在看着我们，看这两个人如何合作。然而，我们的合作堪称佳话，甚至在我们没有工作关系之后，直至现在还经常联系，友谊沉淀了下来。彤宙总是主动来我办公室汇报工作，每年工作会的主题报告，我们总是推来推去，想让对方发挥更大的作用。在主持党委会和董事会之外，每次重要的行政会议，彤宙也总是请我参加。凡是会议决定的或我们商定的，对外就一个声音。彤宙工作能力很强，基本能达到我们的目标。只有极个别情况，彤宙请我直接推进。党委会和董事会会后，一应事项，我都通过彤宙办理，不直接指挥。班子的团结是当时发展公司良好文化氛围形成的重要因素。

彤宙调任六局局长之后，接任者郜烈阳同志是个有激情的领导，有着超强的执行力。应该说这个时期，发展公司已经从初创阶段到了平稳发展阶段。当然清理整顿的任务还是重中之重，丝毫马虎不得。记得总公司在延庆召开的工作会上，每个单位的主要领导有几分钟的汇报时间。按理说，发展公司和工程局比起来，乏善可陈，虚晃一枪，草草收兵，是最佳的选择。没想到郜烈阳同志从困难的强度、措施的具体、方法的恰当和取得的效果，辅以鲜活的PPT，娓娓道来，赢得了一个满堂彩。在认真调研、熟悉情况之后，他总结了乐观、拼搏、坚韧、和谐的发展公司精神，恰如其分地概括了我们当时的状态。

到现在我都感谢总公司的同志们，从领导到各个部门确实积极支持，施以援手。一定程度上说，发展公司在总公司是个弱势群体。尤其是在发展成为主旋律的机遇期，发展公司拖着沉重的翅膀，要在解困和发展两条战线上同时作业，殊为不易，也因此容易被忽视。我是2004年进入总公司党组的，有时候也在党组会上发发牢骚，希望在政策、贷款和其他的决策上，给发展公司“国民待遇”。曾肇河副总曾经当着我的面对财务部的同志们说，对发展公司的各项议案一定要认真对待，总公司的每个公司都该是平等的。

那真是一个充满激情的年代，没有人叫苦，没有人抱怨，有的是嗷嗷叫的团队，响当当的干部。如果掐头去尾，认真算算，发展公司实际运作也就五六年时间。然而，在那个艰难困苦的时期，培养锻炼了一批干部。离开中建的有王彤宙、孙明、刘晓一、王金满、姜旭、高刚、陈新、梁磊等等，他们有的到了其他央企，有的到了相关协会，有的到了其他上市公司，有的到了别的工程公司、地产公司或投资公司，都发展良好。还在总公司工作的，比如郜烈阳、王伟、吴萍、陈锐军、陈思玲、毛庄中、刘宏昌、尉家鑫等，很多获得了提职，或被委以重任。还有很多一般干部，调到总公司的部门和其他公司，都发挥了很好的作用。

值得一提的是最初组建的时候，我们为了摸清情况，成立了一个调研组，一共六个人，有毛庄中、刘宏昌、梁磊、何东初、苗善忠、谢清同志。是他们的工作，为发展公司的组建奠定了基础，他们就是企业发展的种子。这些干部的存在，将发展公司的文化做了更好的推进。我们当时组织了篮球比赛，组织了安阳红旗渠的红色旅游，组织了各种文艺汇演。最初加入发展公司的王婧同学，不幸患了骨癌，全公司的同事积极捐款，虽未能挽救她的生命，但使我们感受到了团结、友谊、相亲相爱的力量。那时候，真是群情激荡，热气腾腾。最出彩还是那本叫做《发展》的公司杂志，在充分了解国内外企业杂志的基础上，我们对设计、纸张、开本和内容都做了创新。后来，主编陈锐军同志对我说，杂志出刊之后，外界反响强烈，在全国的企业期刊评比中得到大奖。次年，中海集团的内部刊物全面改版，基本是照着《发展》杂志的模式。

2007年，中国建筑股份有限公司成立，准备上市。虽然我的董事长没有被免掉，但因为新的管理体制，我就渐渐淡出发展公司了。我很怀念那个时段，它给了我新的工作体验，它给了我至今都联系不断的朋友，它给了我如何在艰难困苦之中协调推进工作的经验，同样，它熔铸出的企业文化也融入了我的心灵，使我更宽容、更乐观、更坚强、更豁达。

有位历史学家说，犹太民族是个苦难的民族，风霜雨雪，颠沛流离，但之所以这个民族历经数千年顽强地生存下来，就是因为他们有一个精神支柱——圣经。

发展公司也有自己的“圣经”，而且我们分散到各个地方的同志还在传播着这本“圣经”，她就是我们的企业精神——乐观、拼搏、坚韧、和谐！

（2017-1-5——2017-9-11）

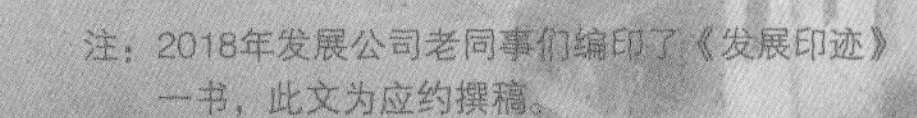
注：2018年发展公司老同事们编印了《发展印迹》一书，此文为应约撰稿。

《总结我们自己的案例——基础设施业务10周年纪念》

中国建筑基础设施业务的发展，绝对是党组的正确决策，基础设施部班子和员工队伍的团结努力，总公司上上下下的倾力支持。

孟子说："天时不如地利，地利不如人和。"就天时来说，国家投资向基础设施领域倾斜，总公司早就看到了成立事业部进入基础设施领域的重要，然而反复议论下来，总是没有决断。好在虽然失去效率和时机，还是酝酿出了当断就断的英明和正确。一粒种子，繁衍成树木，幻化成森林，使我们赶上了又一个发展的波峰。事实告诉我们，孟老夫子说的其实和毛主席说的一样，人的因素第一，干部是决定的因素。记得这几年总公司研究向新的领域开拓，易董和官董总是问，有没有合适的人选挑起大梁，没有合适的人，宁愿放一放。

十年下来，基础设施业务部累计合同额达到3600亿元，过百亿项目的总投资额就达到3668亿元，运用了BT、BOT、BOO、EPC、FCP、PPP等各种运营模式。泽平用事实证明，他是一个合适的人。他身边的张翌和那些嗷嗷叫的同事，都是合适的人。

退休了，脑子已经主动清空了，手边也没有资料支撑我说更多的东西。年来，总公司喜讯连连，《财富》世界500强跃升至第27位，中国企业营业额第6位。即使离开了岗位，无论走到什么场合，总有一种与有荣焉的沾沾自喜。逆水行舟，不进则退。按照要求，说几点建议：

一，把创新落到实处。总书记说了，中央说了，没有人不重视。然而，给创新以强力支撑，给创新以资源倾斜，给创新以宽容的环境，力排创新路上的瓜瓜葛葛，急企业转型发展所急，则是必须的。

二，睁大眼睛选人才。看准了，好好培养，如刘翔，是一条路子。像李娜、丁俊晖那样散养的，为国争光，也很好。花点钱把梅西和C罗引进国内，同样是办法。哪儿都不缺人，缺合适的人。

三，总结我们自己的案例。中国建筑逆势增长，国家在总结。基础设施业务在新常态下，超常了我们的业务结构，支撑了企业的超常发展，定有理念、战略和措施的正确。总结一下，如法炮制，取法乎上，得中亦差强人意。

一辈子在中国建筑工作，就把一生和这个企业连在了一起。老同志和在职的年轻人一样，对这个企业都有着光荣与梦想。多希望我们有更多的合适的人涌现，用业绩回报组织的信任、企业的重托、员工的期待……

（2016-9-25）

注：1. 此稿由于纪念册改变编辑体例，未刊用。
2. 易董，原中国建筑工程总公司党组书记、董事长，现住房和城乡建设部副部长。
3. 官董，现任中国建筑集团有限公司党组书记、董事长。
4. 泽平，马泽平，现任中国建筑集团有限公司党组成员、副总经理。
5. 张翌，现任中国建筑股份有限公司助理总经理、基础设施业务部总经理、党工委副书记。

给杨景妹同志的便笺

12月26日晚办公厅联欢会，综合处已提前几天通知大家，应该有充足的时间安排好自己的私事，但昨天仍有一些人员无故缺席，其中包括一些处级干部。请通知昨晚未出席人员，书面写出昨日未出席的理由，直接交给你转我。

我一直强调，办公厅是一个集体，每个工作人员都要有一种集体主义精神，轻易地放弃集体活动是对这个集体的不尊重。每个人都有临时情况，有些不可推却，但有些根据轻重缓急是可以安排的。我并不是要管到每个人的八小时之外，但集体活动有事请假规矩是起码的常识。我之所以对此事比较重视，不敢放任自流，一是办公厅令行禁止的工作作风；二是办公厅整体形象和企业精神；三是我担心那些无故缺席的干部的基本素质和将来发展。

希望大家都重视此事，提高作为一个机关干部的基本素质，增强集体主义精神，为办公厅的工作氛围和工作效果而努力。

（1997-12-27）

注：杨景妹，时任中国建筑工程总公司办公厅综合处长。

给女儿的一封信

维维：

今天是你的节日，过节好！

尽管到了明年，也就是2001年的10月23日，才到你18岁的生日，可参加了成人冠礼仪式，你就是一个成人了。老师这么看，爸爸妈妈这么看，同学们互相这么看，社会上的人们也会这么看的。成人冠礼只是一个标志，并不是你在这一天之后就突然有了质的变化，就完全可以以一个成人的眼光看社会了。所以，老师希望爸爸妈妈在你的成人冠礼仪式纪念册上给你写一封信，用我们自己的经历来告诉你，在你眼前刚刚延伸开来的、无比广阔、无比遥远的路该如何走。爸爸妈妈也希望你记住这些话，因为人生的路充满了各种选择，走上了一条路，就等于放弃了走别的路的机会，而且它不像别的事一样，它没有后悔的可能。

爸爸妈妈想告诉你的第一件事是要有理想，没有理想的生活是烦闷的，无聊的，无所事事的。有了理想，就有了一种希望，一种企盼，一种方向，一种可以克服任何艰难险阻无坚不摧的力量。你的理想可以是一种职业，可以是一门技艺，可以是一种拥有，也可以是一种人生的境界。

第二件事是追求卓越。什么事要做就做最好，要么就不做。把自己的目标定在一天门、二天门，永远也登不上南天门。就是做一个普通的百姓，也要淡泊潇洒地让人家羡慕。

第三件事是诚实正直，这是做人的基本。欺骗和狡猾也许可以有一时一地的便宜，但好人一定有好报的。要诚实，就要勇于承认错误，文过饰非是阻挡进步的樊篱。

第四件事是谦虚宽容。学，然后知不足，谦虚才会使人进步。同时，对别人要宽容，做事要大方大度，设身处地，善解人意。不要斤斤计较，那样会没有朋友，会破坏了你自己生存的环境。

第五件事是要有健康的体魄。没有健康，就谈不上人的生活质量。人类的一切幸福是以健康为基础的。从小就要加强锻炼，磨砺意志，增强体质，为了今天生活得愉快，也为了明天生活得更好。

第六件事是要有完美的性格。要有个性，要与众不同，时时想到我就是我。其实性格是没有优劣的，腼腆的就不活泼，泼辣的就不温柔，但一定要记住，决不乖僻。

第七件事是对美的追求。包括美的心灵，美的外表和一切美的事物。记住，美不是空虚的艳丽，也不是无知的庸俗，美是一种恰到好处的协调。拥有了美，就拥有了一种和谐。对个人来说，就是拥有了一种超凡脱俗的气质。气质是美的核心，是美中之美。

第八件事是正确地面对挫折。人生下来，谁也不会一帆风顺。生活上碰到了不愉快的事，工作上遇到了难解的问题，甚至很长一段时间事事不如意，千万不要放弃，最后的胜利就在坚持一下的努力之中。种瓜得瓜，种豆得豆，相信自己，相信未来，有付出一定会有回报，这一点上帝是最公平的。

说了那么多，做人的道理是总结不全的。路要一步一步地走，你上了大学，然后又是硕士、博士，它们的成败优劣，并不能代表你的一生。人的素质是各种因素的综合，知识不等于才干，不等于成功。永远向前走，你一定会走到的。

爸爸妈妈相信你！

爸爸　妈妈

（2001-12-7）

在女儿入职仪式上的致辞

感谢北医三院药剂科，感谢翟主任和各位领导以及我要代表的各位家长。

我叫刘杰，是刘维的家长。之所以感谢，是因为北医三院药剂科使我还了多年的心愿。我1991年到香港工作，在召开家长会最多的时候，没有机会履行家长的责任和义务。所以，刘维和我说了药剂科举行新员工入职仪式之后，我说把别的事情推掉，一定要来。刘维不久的将来也要当家长了，我这次不来，估计将来只能参加外孙子或外孙女的家长会了。

新职工入职，我想最重要的就是两件事：单位希望招到有素质有发展的员工，个人希望走上环境好有前途的平台。这个平台包括单位的领导、同事、专家、品牌、薪酬、文化等等，等等。

7月份我到剑桥参加中组部组织的一个培训班，课下和教授聊天的时候，我们说，上帝是不公平的。上帝在地面上给了欧洲非常好的天气和植被，风景美丽如画。中东虽然多有沙漠，但是给了他们地下数不尽的石油，财源滚滚。而中国，地下资源有限，地上天气多变，植被也不丰富。当时英国的教授说，上帝是公平的，因为他给了中国人聪明的脑瓜。如果地上和地下的东西都给了你们，我们还怎么活。

话说回来，我觉得北医三院真的是地上有东西，地下有东西，老师和同事们的脑子里更是有东西。到北医三院工作是幸运的，希望孩子们珍惜。

孩子们上班了，有无数的话要嘱咐。思来想去，我就说几点我认为比较重要的吧。

第一，热爱医院，敬重岗位，融入集体。只有热爱她，才能全身心地投入，才能好好工作，才能做到敬业爱岗，也才能主动地为集体多做工作。

第二，继续学习。学校毕业仅仅是学习的转型，不是学习的结束。现代社会知识更新的飞快，尤其是在医院这样知识密集的领域，放弃学习就是放弃了进步，放弃了职业生涯。

第三，重视创新。只有创新才能比别人发展得更好更快，才能比别人更有特色，才能更有存在的价值。企业是这样，医院是这样，药剂科是这样，每个人都是这样。

第四，陶冶情商。在我们企业，人才基本分成两种类型，一种是技术型的，一种管理型的。技术型的因为接触人少一些，对情商的要求少一些。但是如果具备了高情商，就会成立一个具有综合能力的领导。管理型的对情商的要求非常高，甚至高过基本业务能力。情商使人具备组织能力、协调能力、战略眼光、远大胸怀等等，这是成就更大事业的基础。

最后，祝福北医三院越办越好，祝福药剂科越办越好，也希望由于孩子们的加入，给药剂科带来活力，给北医三院带来活力。作为家长，因为孩子在北医三院工作，而挺胸昂首，到处宣传，笑得合不拢嘴。

（2012-9-10）

注：由于会议程序临时变更，仅做简单致辞，此稿未用。

在聂兆征和王晓琳婚礼上的致辞

我和聂兆征的父亲聂天胜是多年的朋友，也是看着聂兆征长大的。今天，我很高兴来参加聂兆征和王晓琳的婚礼。

人这一辈子，就是亲情、爱情和友情最让我们刻骨铭心。亲情是不能选择的，那是我们最后的港湾，那是我们每个人与生俱来的财富。所以，珍惜爱情和友情，呵护爱情和友情，就是我们人生最重要的组成部分。聂兆征和王晓琳选择了爱情，同时选择了婚姻，那就是在爱情的基础上，增加了一份责任。这份责任包括生儿育女、爱护家庭、孝敬父母，同时也包括互相包容他和她的一切，他和她的过去，他和她的将来，他和她的朋友们。

我刚才说过了，我是看着聂兆征长大的。或许从今天开始，你们就要看着我们一天天地老去。但是，我们也在看着你们，看着你如何发展自己的事业，看着你们如何经营自己的家庭，看着你们婚姻美满，事事如意。

有人关注是人生最幸福的事。它给我们信心，给我们动力，给我们回报恩人的愿望。让我们互相关注，你们关注我们的健康和心情，我们关注你们的事业和家庭，大家共同度过幸福的每一天。

祝福聂兆征和王晓琳，祝福在座的每一个人。

（2009-9-29）

在王腾蛟和许霏婚礼上的致辞

祝贺金满和王静，祝贺腾蛟和许霏，也感谢你们给我这么大的责任和这么好的机会。

说给我机会，就是能在婚礼上见到这么多的老领导、老同事，心情大好。前几天，听朋友讲个故事，某单位在职领导看望老领导，柴米油盐，嘘寒问暖，最后询问老领导还有什么要求，老领导想了半天说，这年头日子过得好，别的都不需要了，看看能不能找个机会，再给同志们讲个话。

因此，这个婚礼对我来说很重要。这些年来不谙世事，我现问的金满，主婚人要做什么？金满说代表男方讲个话。有道是机会是留给有准备的人的，看来老同志都得有点儿准备。不然，有机会讲话，总是跑题。

金满和王静是我们曾经的中建朋友圈里，帅哥靓女童话的典型。见到腾蛟和许霏，我觉得他们在我们的二代中，延续了这个童话。婚礼上的祝词——孝敬父母、婚姻美满、早生贵子等等，都是技术问题，是应有之义。金满是企业家，作为金满和王静的后代，那是规定动作。

今天是腾蛟和许霏人生的升华，你们的结合，也是我们朋友圈友谊的深化和人生的延续，说两句跑题的话大家共勉。

第一要感恩。感恩是对社会、父母和朋友的回馈，自己的心灵也会得到慰藉和安宁，从而活得更从容。

第二要敬畏。敬畏宇宙，敬畏自然，敬畏社会，我们做事会更严谨，更认真，从而成功的机会更多。

第三追求卓越、甘于平凡。我觉得这是不矛盾的一件事。平凡的极致就是精彩，在精彩的顶峰上，一定想回归平凡。

最后一句话，不要辜负那些期待的眼神。有你们父母和亲人的，有我们在座的和不在座各位的，有尚未出生的和你们将来会认识的亲人和朋友的……

谢谢。

（2018-5-19）

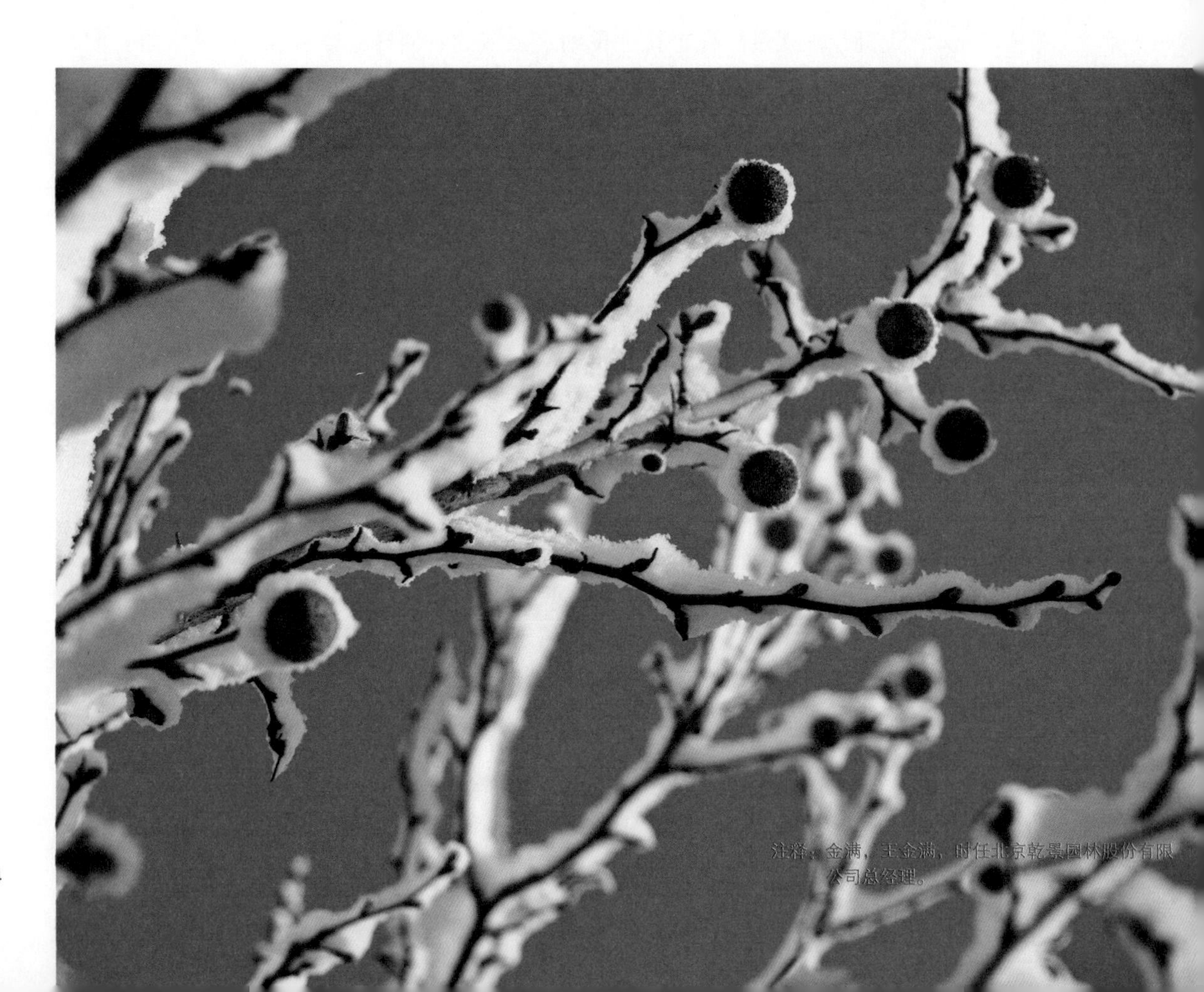

注释：金满，王金满，时任北京乾景园林股份有限公司总经理。

在迎接张青林同志遗体仪式上的致辞

青林书记：

我代表总公司党组，代表中建总公司，代表中建总公司十二万五千名职工和他们的家属，以及今天前来机场的亲朋好友，迎接您回到北京，迎接您回到我们中间，迎接您回到家里！

青林书记是我们大家共同的领导，共同的朋友，共同的亲人。青林书记为了中国建筑业的改革发展，为了中国建筑工程总公司的发展壮大，为了同志、朋友和亲人都有更好的发展，过上更好的生活，付出了毕生的精力和心血。

在这里，我代表今天在场和不在场的同志们和亲朋好友们向青林书记保证，我们会更加努力地工作，珍惜朋友，善待亲人，更加圆满地完成青林书记未竟的事业。

青林书记永远和我们在一起！

（2010-2-23）

厨艺与管理

刚才吴琦现场采访我，询问我有没有做过饭。福龙说，如实回答。在大家的眼里，领导好像是不做饭的。所以，这个问题，只能按任职时间的起始来回答。先按下不表。

首先向参加这次比赛的即将获奖的选手表示祝贺；感谢中国烹调协会和北京市烹调学校的专家们，这样高规格的评委，为我们的比赛生色不少；感谢各个单位的组织者和参赛者，做了大量的工作。同时，我也想道个歉，刚才主持人叫我尝尝某个号码的菜品，我随口说出了个人感觉，希望不影响他或她的比赛成绩。

既然大家希望我说说，我就谈几点感触与大家分享。

一，吃得要好。

大家问我会做饭吗？肯定地说，我做过饭，近些年没有做了。“文化大革命”的时候，准确的时间是1969年左右，父母从国家部委到外地的五七干校，姐姐们到内蒙古生产建设兵团和黑龙江生产建设兵团。那年我14岁左右，自己守着一个单元，除了中午在学校食堂，早上和晚上就要考虑自己的饭食。为了生存，先是会做，能保证吃到熟的。之后为了吃好，就要考虑怎么做，就开始买菜谱，研究如何做菜。每个人做对自己负责的事情，总会认真仔细的。

说到这儿，面对这么多顶级专家，我说说个人的猜想，比如北京小吃，它的食材为什么大部分都是头尾和下水，就因为那个时候老百姓吃不起肉，只能吃这些便宜的东西。而千家万户有多少厨师啊，从尝点儿肉味，到吃饱吃好，生生地把那些富贵人家不吃的东西，做成了经典，比如卤煮火烧、炒肝、爆肚等等。我们每个家庭都在做饭，都在创造厨艺，但我们不是厨师，因为我们不是以做饭为职业营利谋生的。

上边几句话，一个是回答主持人的问题。再一个，也想说明，我们这次比赛很有意义。中国建筑那么多的单位和项目，很多同事抛家舍业在外边奔波辛苦，我们后勤保障人员，一定要使吃饭在为了生存的基础上，达到好的标准。当然我说的好指的是味道，不是价格。高的价格，不见得有好的适宜的味道。

二，什么叫好。

我在香港工作时，管理过中国海外集团的食堂。据说很长时间了，食堂总是叫员工不满意。领导非常重视，答允了各种条件，只要把食堂办好。我们选聘了国内太多太多的厨师，特级已经是最基本的入选条件了。然而，做出的饭菜几乎没有众口一词说好的。好不容易碰到一个厨师，开始几天大家反应还好，后来也评价欠佳。我问厨师为什么，厨师说他做的是山东菜，员工不会吃。

我有点哭笑不得。世界上的事情数不胜数，如果说我们不懂得的，太多太多了，只有一点，肚子是自己的，如果说不会吃，还真不接受。好吃不好吃，自己说了算，多好的菜，不好吃就不吃。就像鞋一样，39号的鞋穿着不合适，并不说明它不好。最后，中海选的是中建七局、八局的当初基建工程兵的厨师，大锅饭，人人满意。有几道菜名扬香江，中海的食堂甚至成了当时中资机构的样板。

由此我想说，标准至少有两个，就像对美的感受一样，有客观的，有主观的。在场这么多专家，有统一的评价标准，但个人的感受又决定他到底给你多少分。专家的、个人的、群体的、地域的，甚至个人地位和年龄的变化，都会影响评价标准。朱元璋的珍珠翡翠白玉汤，穷困潦倒和当皇帝时的味道就是不一样。

三，丰富生活。

做饭是一种享受，也是一种人生体验。它的好处很多。第一，促进家庭和睦。大家共同劳动，减轻经常做饭同志的负担。过节包个饺子，过程比饺子还香。第二，调剂时间。我指的是在家里不经常做饭的人，做几道菜，打打下手，也是积极的休息。第三，多识于草木鸟兽虫鱼。介入厨艺，就间接地走进了大自然，会丰富我们的知识。第四，激励创新。做饭的时候，保持老味道是水平，能够推陈出新，也是我们的追求。第五，成就感。做了一道好菜，尤其是你做的那盘菜转眼吃光，此乐何极！第六，心灵的寄托。我们总说妈妈的味道。把妈妈的味道学到手，延续下来，那种感觉是不可言传的。估计还能说出很多，就不说了。

我们常说美食家，所谓美食家，不仅仅是爱吃，更主要的是会吃会鉴赏，按照文化来吃来推介。就说我们普通人，到饭馆吃饭，经常听到，我不会点菜，你点什么我吃什么。还经常碰到朋友说，到哪个餐馆吃饭了，问他吃到什么菜了，一脸茫然。其实，点菜也是工作能力的一部分。我们外事公务接待，我们朋友小聚，如果能够结合出席人员，结合餐馆的菜系和风格，点出它的看家菜，荤素搭配，色彩协调，咸甜适宜，软硬兼顾，你会为自己创造更好的工作环境，得到更多的友谊。

四，切入管理。

我们在企业工作，一切事情都围绕着员工的幸福和企业的发展。厨艺和企业管理，在很多方面是相通的，可以互相启发、互相促进。比如说：

第一，熟悉要素。厨师要熟悉食材，要知道食材含有的营养和人体需要的各类元素，还要知道它们之间的相生相克。企业管理也同样，在自知者明的基础上，知彼才能百战百胜。

第二，协调资源。牛肉炖土豆、西红柿炒鸡蛋，是有口皆碑的标配。对于企业，我们的人员配置、业务结构等等，都需要调配适当。

第三，抢抓机遇。炒菜的时候，多一分钟，少一分钟，菜品的生熟和味道大不相同。企业发展的机会也稍纵即逝，只有抓住了，才能高人一招，先人一步。

第四，目标市场。这些年，随着经济和社会的发展，交通便利，人口流动，很多餐馆既能吃到安徽的臭鳜鱼，也能吃到四川的毛血旺，甚至能吃到东北的小鸡炖蘑菇。企业管理也是一样，你的产品一定要了解受众，适销对路。

第五，创意创新。创意创新很多，我觉得一个是菜品，一个是营销模式。与众不同，就是营销亮点。我们中国建筑国外的很多公司和项目，为了解决同一厨师的菜品吃久了味道熟悉了的问题，各个工地三个月互相调换一次厨师，效果很好，听说现在国内也这么做了。管理模式的创新，会收到出其不意的效果。

非常高兴参加这次活动，没有想到今天参加我们活动的专家和厨师层次这么高，名头这么响；也没有想到比赛的场面这么壮观，这么专业。

因为大家一直在品尝菜品和带来的作品，估计还不饿，随口说了这么多，班门弄斧，见笑方家，抱歉抱歉。

（2013-10-25）

注：1. 此文根据在中国建筑“爱生活、炫才艺、促健康”厨艺大赛颁奖仪式上的即席讲话整理。
2. 吴琦，时任中国建筑工程总公司城市综合建设部团委书记。
3. 福龙，李福龙，时任中国建筑工程总公司办公厅副主任、总部事务管理局局长。

为了不再开会

我还有不到6个月就退休了。俗话说，到什么山唱什么歌。最近一段时间以来，我总在想，等我退休以后，没有了工作关系，那时候，失去联系的人，是同事；还有联系的，而且大家愿意主动联系的，是在工作中产生了友谊，是朋友。

我说这些，不是跑题了。我想说的是，工作了一辈子，到现在才开始思考人和人的关系问题。王萍主席要我来参加这个会议，女工主任的会议，促使我想得更多。我觉得，参加了一辈子各种会议，今天这个会的价值，远远超出了会议本身。

道理是，我们是唯物主义者，我们都不相信人是上帝造的。那么大自然孕育出男人和女人本身，就说明这是自然界均衡发展的基础，没有谁高谁低。

其实最早的不均衡，应该是女人占了先机。因为人是最重要的生产力，在子女的繁衍和哺育过程中，女人承担着更为重要的角色。在原始人为了衣食的采集等劳动中，不需要强壮的体魄。因此，我们有了母系社会，女人是群体的领导。或许这段时间，在原始社会的某个阶段，要比从奴隶社会到今天的过程长得多。当男人因为狩猎、种植等等体力劳动和劳动成果成为家庭和群体的主力后，女人的地位就变化了。

今天，我们面临着从来没有的好形势。一个是政治上的，从妇女节诞生之日，就标志着全世界在为争取男女的平等而努力。新中国为此做了无数的事情。

再一个是社会发展上的，由于脑力劳动的延伸和创造，历史上很多体力劳动被我们发明的工具取代了。这时候，男女在工作能力上就缩小差异了。我觉得，当然没有科学根据，从头脑的聪明程度来说，男女没有大的差距，所谓差距，都是后天造成的。我们有理由相信，从现在开始，再过若干年，科学的进步，经济的发展，社会的变迁，政治的推动，男女平等问题会得到很好地解决。那个时候，一定没有女工委员会了。再有的话，就是社会的耻辱。

从这角度来说，第一，欢迎中国海员建设工会女工委员会在中国建筑召开。我们在做一件大事，为了将来不再开会。

第二，中国建筑欢迎大家。因为中国建筑是劳动密集型产业，体力劳动还占很大比重，不平等最可能在建筑业产生。女工委员会在我们这里召开，就是现场会，对我们会有大的促进。

第三，预祝大会圆满成功。首先完成我们现阶段的任务。其次，不要产生我开始时说的失去工作关系后的纠结，等到我们不在一起开会的时候，大家还有友谊，还是朋友。

那个时候的人，才是马克思说的，全面发展的人。

（2014-10-10）

注：此文根据在全国海员建设工会女工委主任会议上的即席致辞整理。

《随园》创刊词

清文对我说了好些日子，要我为办公厅的刊物写一篇创刊词。思来想去，总不知如何落笔，偶然想起清人的一句诗，叫做“苔花如米小，也学牡丹开”，顿时生发出一些感想来。

首先，我们的刊物像苔花一样，小得不能再小。总支讨论时，大家就形成了共识，一要节约，就用复印纸复印；二是篇幅随意，小的是最好的；三则踏实朴素，接近我们自己的生活。

其次，我们每个人也像苔花一样，在大千世界中，平凡渺小。我们所追求的应该是扎根泥土，找准位置，开好自己的花，创造出属于自己的辉煌。

再次，春兰秋菊，各有其隐逸高雅，而我们的刊物只像苔花一样，谦虚，朴实，本分，希望由于办公厅同志们的人人参与，创造出她自己的风格，体现她的存在。

不要牡丹的娇艳，让我们共同努力，为自己创造一个青绿的世界。

注：1. 此文系《随园》创刊词。1997年4月登载于第一期
2. 清文：徐清文，时任中建总公司档案处副处长，《随园》首任主编。

《建筑企业形象策划》后记

把建筑企业形象策划工作从理论到实践加以总结，编辑出版一本书奉献给我国的建筑企业，是我们从事这项工作的同事的共同心愿。

提起这件事，我很感谢中国建筑工程总公司原总经理马挺贵先生和党组书记张青林先生，是他们高瞻远瞩，以企业家的战略眼光看到了CI战略这一当时在国内尤其在建筑企业尚不引人注意的企业管理方式有着广阔的前途，他们同意了我们的建议，尽全力支持我们在中建总公司全面推行CI战略。尤其是总公司党组书记张青林先生，愉快地兼任了总公司CI领导小组组长的职务，在总公司CI发展的每一个阶段，都得到了他的具有创意的指引，使这项事业得到了顺利地发展。同样，我也很感谢中国建筑工程总公司现任总经理、香港中国海外集团董事长孙文杰先生。我在香港工作期间，是孙文杰先生鉴于当时的经济形势和公司业务飞速的发展，果断地决定成立公司的公关部。在组建公司公关部期间，我按照孙总建立一个一流的公关部的想法，并按他的指示，走访了长江实业、新鸿基、中国银行和华润集团等大型的中资和华资集团，学习了他们开展公共关系的先进经验。同时，也与香港当时国际知名的奥美、伟达和博雅公关公司等进行了有益的业务探讨。随后成立的中国海外集团公关部对企业的推广和宣传起到了极大的促进作用，当时公关部的主要工作之一就是企业形象的策划工作。应该说，总公司CI设计的大部分思路是按照香港中国海外集团的思路脱胎出来的。

同时也要感谢北京旗和旗企业形象策略设计公司的严文龙总经理及其同事，他们参与了总公司CI设计的全过程，提出了很好的设计方案，制作和设计了精美的CI手册，功不可没。

也要感谢总公司科技部的同志们，是他们看到了总公司CI战略在企业管理中的作用，及时地将这项工作作为一项管理成果加以总结。在他们的推荐下，这项成果获得了中国建筑工程总公司的科技进步一等奖，相当于省部级奖，使这项工作得到了肯定。

还要谢谢本书写作过程中引用的各类书籍和文章的作者和中国海外集团、北京城建集团、北京建工集团、上海建工集团等企业的丰富事例，为我们的书增光不少。

中国建筑工业出版社的领导及各部门的同志们为这本书的出版给予了极大的支持和指导，使这本书顺利出版，我们表示深深的谢意。

其实，这本书是以上提到的人士和我们作者的共同智慧的结晶。虽然我们的每一章有一个或几个执笔人，但是实际上，我们的CI手册，我们的每一步工作的实施步骤，尤其是那些实用性很强的带有经验总结性质的事例，是我们共同工作和研究的结果。本书的执笔人都是中建总公司所属公司及办公厅的同事和我们的CI评审员，这些工作推进的每一步，都是大家边实践边总结的结果，只不过在撰稿时由每位执笔人修改整理罢了。本书的编辑人员如下：主编，刘杰；副主编，王毅强、陈为强；第一章，刘杰、陈为强；第二章，王毅强、宋井冈；第三章，李福龙；第四章，高笑霜、周静；第五章，李念平；第六章，王浩、姜咏玲；第七章，王建军；第八章，李念平。图表和图片，毛磊、李亚平。刘杰和陈为强对全书的文字和体例进行了反复的修改。宋井冈同志在书籍编辑的后期，做了大量的文字和资料的整理工作。需要说明的是，本书于1999年动议，2000年已完成了初稿。由于写作人员的工作变动较大，大部分人员不再从事这项工作，延误了后期的修改、补充和出版工作。加之本书作者的写作全是在业余时间完成，写作的角度是对他们曾经从事的工作的经验总结，缺点和错误在所难免，敬请读者不吝赐教。

建筑企业形象策划是一项方兴未艾的事业，最近几年得到了突飞猛进的发展。相信会有更多的企业重视这项工作，加入到这项事业中来。同时企业形象策划也是一项不断发展和改进的事业。在本书出版之时，中国建筑工程总公司又在进行新的形象策划。相信不久的将来，中国的建筑企业形象策划将是一个姹紫嫣红的年代。

（2002-6-1）

我们在发展

《发展》创刊词

飞机升空。闪闪烁烁的万家灯火，由有形的城市，变成一团闪光的雾，飘飘忽忽，渐行渐远。我的思绪飞扬起来……

我在想，古代的先民们，日出而作，日入而息，凿井而饮，耕田而食。他们有夜晚，但是缀满星星的夜晚属于睡眠。当人们学会了使用火，发明了蜡烛和电灯之后，人们才可以在夜晚劳作、娱乐、学习，时间延长了。当我们吟咏“火树银花不夜天”诗句时，我们还没有深切地体会到，我们拥有了原本不属于我们的时光。所以，“一唱雄鸡天下白”所引起的古人的激动，我们就好理解了。

我在想，车辆的产生，大概先是为了解决重物的搬运问题。既解决重物搬运又解决行走快慢问题的首选工具应该是牲畜，比如说马驯化到可以骑以后。或者套用鲁迅先生的话，当年猪也是有人骑过的，但是，远不如骑马快捷和舒适，因而没能延续下来。及至发明了汽车、火车和飞机，人们才补充了自己的能力和手段，或者说拓展了自己的空间，压缩了自己的时间。

我在想，或者这就叫发展——延长时间（其实是提高效率）、拓展空间（其实是手段的延伸或补充）。当我们了解了祖先们如何迈出延长时间和拓展空间的每一步时，从历史的角度看，我们会对他们肃然起敬。没有他们的作为，就没有今天成就的基础。我们不能埋怨古人，为什么没有发现牛顿定律和相对论。我们的后人，同样不能埋怨我们为什么没有发明飞碟，而对简单的宇宙飞船沾沾自喜。解决问题，或者说发展，是各种机会的综合。我们今天的某些社会现实，连当年的大科学家们费尽脑筋思考的《科学家谈21世纪》，也不曾想像得到。

还在原有的时间里转，不叫发展；还在原有的空间里转，也不叫发展。还用原来的方式和手段，同样也不叫发展。发展需要条件，就像我们在应该睡眠的夜晚失眠，经过调整，现在我们睡得香了。睡得香了，肌体达到和谐、稳定，发展才有起点。发展需要过程，就像我们的先人那样，用火煮熟食物，用车代替肩膀，用飞机代替马匹和火车，就是发展。

发展是硬道理。发展是对飞速变化的自然、政治、社会、经济和文化环境的应对。作为企业，在使我们的内部资源配置达到均衡的状态下，超常规的发展是我们遏止倒退、解决停滞不前和超越对手的最好方法。

发展需要智慧，发展需要勇气，发展需要灵感，发展需要创新，发展需要环境，发展也更需要机遇。我们想飞，尽管拖着沉重的翅膀。我们可以飞，因为我们有着灿烂的理想。我们一定会飞起来，因为我们脚踏实地，我们百折不挠，我们意志如钢，我们有着无数双支持帮助我们的热情的臂膀。

我们的企业叫发展，我们的杂志叫发展，我们的工作也叫发展。我们可以骄傲地说——我们在发展。

注：此文为《发展》杂志创刊词，写于2005年。同年发表于《中国建筑》新闻。

《我们的党校生活》后记

纪念册还没印出，看着设计稿样上一张张亲切的照片，我常常在想，十年后或者二十年后，也是东风骀荡的春天，也是姹紫嫣红的夏季，也是雨丝绵绵的深秋，也是瑞雪纷飞的隆冬，也是这样一本蕴含着我们37个师生同学深情的纪念册，它会越来越重……

它沉重的是这份师生同学情。除了血缘关系的亲情，世界上没有什么感情，淡时像君子之交那样淡，浓时如百年陈酿那样浓，以至我们一闻到它，就如醍醐灌顶；瞥上一眼，就怦然心动。

它沉重的是这份感情的珍贵。我们当中任何人，都不会冷落它。花朝雨夜，旅次别村，时时涌上心头的就是这份沉甸甸的真。因为，它已融入了我们的生命。

它沉重的是这份幸福的心情。知道远方有那么多颗思念的心，做人的感觉也与众不同。当我们对后辈说起“这个爷爷”，“那个奶奶”，脸上就会露出甜甜的笑容。

它沉重的是这份真诚的支撑。八级地震，十二级台风，“知道有你们，我自岿然不动”。我们手拉手，肩并肩，情相融，心相通。

让我们回到2003年元月，记录这本书的制作过程：

开学伊始，李中印老师动议，制作这本纪念册，并提出了总体构想。李中印老师、张建敏老师和支部冯韧书记审阅了纪念册提纲。刘杰同志负责编辑。支部对此事予以全力支持，同学们积极献计献策。康日新、王瑞生、戴景珠、谷焕民、冯韧、许开程、郝赤勇、王建华、倪发科、陈晓恩为纪念册的完成给予了大力支持。王洪华、王建华、郝赤勇、张铁夫、王兵等同学，不但提供了集体活动资料，还提供了个人的摄影作品。吴松同志为本书撰写了序言，刘杰同志撰写了后记。中央党校电教室也提供了部分照片，为此书增色不少。

由于我们还有一个专题片的制作，纪念册主要突出学员的个人风采，同时为了画面的简洁清爽，我们除了部分作品、师生名录以及前言和后记，基本没有文字说明。相信纪念册中的每一个细节，今生今世我们都会永志不忘。

值得专门书写一笔的是北京中建天域广告公司的徐清文总经理，他为本书付出了极大的精力和辛勤劳动。从受命编辑这本纪念册开始，他就几乎参加了我们支部的每一个大型的活动，已经成为我们支部不在册的“荣誉学员”。

李白乘舟将欲行，

忽闻岸上踏歌声；

桃花潭水深千尺，

不及汪伦送我情。

带上用我们的三百多个日日夜夜的情感所凝结成的这本书前行

——愿君义无反顾，顺风顺水！

（2003-1）

注：2002年，参加中央党校18期中青班学习，为支部编印《我们的党校生活》纪念册并撰写后记。

《我们》后记

本来想偷点懒。我对孙慧荣老师说，最好请班上的同学为纪念册写一个前言或后记，说明在校学习情况和纪念册编辑情况。孙老师毫不犹豫地说，就你写吧。有些诚惶诚恐，又不好推辞。

三个月的学习生活，朝夕相处，从素质，从才干，从经历，从业绩，深深感到同学中卧龙栖凤，群星璀璨，有鸿儒，无白丁。曲水流觞，击鼓传花，任谁都会交付一份上佳的答卷。我想，叙述一下纪念册的编辑过程和想法，叙述一下我的感觉以作同学们浏览时的引玉之砖，庶几近之。

我拉了一个清单，希望通过这些内容，可以基本反映我们的党校生活：

一、学员名录。支部和分组情况。

二、学员论坛讲课学员及题目。

三、支部组织的活动，如中电科技国际贸易有限公司、中国现代文学馆、国家地震紧急救援培训基地参观等。

四、获奖的书法、绘画、摄影和歌唱比赛的名次，以及学校各项活动的参与者。

五、参加学员运动会各队组成及名次。

六、开学和毕业典礼的照片，支部集体合影，各小组照片。

七、爱好摄影的同学，尽量提供各种活动、上课以及日常生活的照片，包括党校校园风光。以上最好有电子版。

八、每位同学提供他们个人喜欢的工作和生活照以及感言。

这个过程虽然简单却很繁复。感谢孙慧荣老师和林艳梅老师，他们第一时间满足了我的要求。需知有些资料是老师重新打印的，有些照片需要到学校交涉，而且不提供电子版。

各组组长不厌其烦地完成了“催收催缴”和反复调整的“重任”，按时交稿。同学们对自己负责，对支部负责，更对未来负责，认真地撰写感言，精心地选择或调换照片，其重视程度，令人感动。

我在中央党校中国建筑分校担任校长，同学们毕业时也获颁中央党校校长的证书。每次毕业，当学员们意气风发地承载着沉甸甸的收获和友情，挥手挥泪告别的时候，他们才体会到其中的真意。我们是现在进行时，当这本纪念册在我们手上打开的时候，已经到了离别的时节。人同此心，心同此理。此时此刻，同学们的感悟，非三言五语可以说清道明。

习近平总书记在中央党校建校80周年庆祝大会暨2013年春季学期开学典礼的讲话中指出：要认识好、解决好新问题，“唯一的途径就是增强我们自己的本领。增强本领就要加强学习，既把学到的知识运用于实践，又在实践中增长解决问题的新本领”。党校教学布局的一个中心就是以中国特色社会主义理论体系教育为中心，四个方面就是理论基础、世界眼光、战略思维、党性修养。实践证明，这个布局确实深谋远虑，切中肯綮。课程的总体设计，教师的精彩讲授，师生的互动交流，小组的活跃讨论，都使我们深受教益。值得一提的是学员论坛，其内容的丰富多彩，思想的真知灼见，思维的深刻敏锐，思路的振聋发聩，得到了同学们众口一词的肯定。从实践中来，到实践中去，这样的学习方式，由此得到的知识、经验、理论和工作方法，更接地气，更有可操作性。

人是群居动物。然而在每个群体之中，人们的活动范围有限。随着私有财产的产生、社会分工的细化以及信息化造成的虚拟社会，人们无论是心灵和肉体的距离都渐行渐远。或许我们正在转换或者逐步适应另外一种群居的生活状态。有的同学可能在进入党校之前，就完成了人生的复合型设计。然而更多的同学是在党校期间，通过与来自部委、省市、企业、学校和科研院所同学的交往，了解了之前不曾经历的社会和人生，了解了另外的群体的生活方式和思维方式，了解了他们的喜怒哀乐和人生经验。党校的简短生活，使我们初步体验了人生经历的间接复合。在这个转型期，同学情是亲情、爱情、友情之外的最真挚最没有利益冲突的感情。也正因此，几乎每个同学都期待对这个集体做出应有的贡献，箪食壶浆，以抒款曲。从这个角度说，党校的此种功能是任何学校都不可比拟的。它是党校收获的重要组成部分。

这些年的时髦话语，叫做让灵魂跟上脚步。据说是墨西哥谚语。世界潮流浩浩汤汤，当代中国天翻地覆。我们每个人身历其中，是见证者，是参与者。也正是这种激情参与，使我们无暇反思反馈反省曾经走过的路。当年的赵朴初先生曾经为赖少其先生的《万松图》题诗，在比喻小平同志时有一句“中有一松世莫比，似柳三眠复三起”，说的是小平同志人生的三起三落。或许正是这种起落、快慢、动静、时空的激烈转换，使小平同志有时间有机会思考天下大事，使小平同志重新工作之后思想和脚步踏节合拍，使小平同志成为中国改革开放的总设计师。我们都是凡人，进入党校脱离了社会的喧嚣浮躁，清空了数不尽的烦恼焦虑，掠燕湖畔，正蒙斋前，信步闲庭，气爽神清。我们琢磨琢磨过去的经验教训，我们考虑考虑将来的举措路径，我们充满了走进社会创造美好生活成就中国梦的冲动与愿望。党校三月，养吾浩然之气，此其意也。

由于是纪念我们的共同生活，每个人都知道事情的缘起和场景，简洁清爽起见，目录不全，说明不多。由于文字和照片的搜集更换都耗费了一定时日，要赶在同学们毕业之时印制完毕，印刷公司从设计到印制，时间和环节受到了空前的压缩。鉴于搜集渠道和时间关系，照片和文字的选择，不精不全。由此造成的孰多孰少、孰好孰坏，如有冒犯，尚请海涵。

感谢王天义同学为纪念册题签，感谢程新、刘峻杰、苏少林、宋娟及其他同学提供了他们拍摄的照片，感谢张荣明同学专门为纪念册创作了诗词，感谢每位为纪念册的印制提供了帮助的老师、同学和同志们。

感谢中国建筑工程总公司城市综合建设部的马哲刚执行总经理、赖刚书记，是他们的慷慨援手，使我们顺利完成纪念册的印制工作。感谢他们的得力下属吴琦同志，她以个人之力完成了从联系印刷到设计改版，直到纪念册印制完成的全过程。感谢中国建筑工程总公司老干部局的中国摄影家协会会员马日杰同志，他的专业知识、后期制作和作品支撑，为纪念册增添了光彩。

掌声响起来。我们在欢声笑语中走出教室，走出校门。我们充满期待地走进社会。这个春夏之所以值得纪念，不仅仅是我们增强了党性，坚定了信念，学到了知识，提高了能力，树立了信心。难道你不觉得在今后的每一天，又多了半百的心灵和眼睛在关注你，在凝视你吗？我们需要相通的心灵，我们需要同学的情谊，我们需要有倾述之人，同样，当取得成绩的时候，更需要有个第一时间报告的群体——那就是我们！

（2013-6）

注：2013年，参加中央党校“中国特色社会主义理论体系”研究专题进修班（第60期）学习，编印《我们》纪念册并撰写后记。

《危机公关道与术》序言

每天上网搜索、翻阅报纸、打开电视、收听广播都会看到或听到发生在这个世界上的突发事件，政府、社会团体、跨国公司、中小企业、名人达人都涉及其中。我们每一天都与危机相伴。

突发事件是媒体报道的最佳新闻素材，有时甚至牵动社会各界公众的“神经”，成为社会舆论关注的“热点”和“焦点”问题。俗话说“好事不出门，坏事传千里”，媒体有时在传播中将突发事件的危机影响放大，会给企业造成损失，所以，重大危机事件处置的成败关系到一个企业的生死存亡。今天，我们面对国际国内复杂的舆论环境，必须加强危机公关的理论研究和实战能力建设，以适应新形势对企业的要求。发展的道路不是一帆风顺的，而是充满了不可预知性，危机如影相随。全球知名危机管理专家、莱克锡肯传播公司总裁史蒂文·芬克曾说：“危机就像死亡和纳税一样”，是管理工作中不可避免的，所以必须随时为应对危机做好准备。增强危机意识，提高公关能力和技巧，才能有真正意义上的危机公关。危机存在于企业的基因中，企业当自强不息，提高自身免疫力，坚持预防第一，为应对危机做好思想和能力准备，远离危机的困扰，这才是危机公关的治本之道。

这本书是黄太平同志和他的同事一起，在危机公关工作实战中学习和探索的成果。黄太平将他长期以来在危机公关实战中的理论探索和实战经验撰写成文章、讲稿，最终整理成书本，以飨读者。我很佩服他们的勇气和执着，因为这不是一件容易做的事情，也不是薄薄的一本书说得明白的事情。我认为危机公关不是一门坐而论道的学科，而是一个行而知之的实践过程。在实战中研究，在研究中提高，基于经典案例的观点和来自于实战的招数是这本书的一个特点。书中作者运用自己的实战经验和理论研究成果对国内外危机公关成功或失败的案例做了剖析，我们可以从中学习借鉴那些成功的经验，也可以吸取那些失败的教训。

中国有句古诗写得好，“山重水复疑无路，柳暗花明又一村”。机会常常从危难中来。危机公关有三种境界：减少损失，化险为夷，转危为机。英特尔公司前首席执行官（CEO）安迪·格鲁夫说：“优秀的企业安度危机，平凡的企业在危机中消亡，只有伟大的企业在危机中发展自己。”有危机防御能力的组织将赢得未来发展的优势。

（2014-3）

《中建巾帼——幸福篇》序言

由中华全国总工会女职工委员会、中央直属机关妇工委、国务院国资委群工局等单位支持，红旗出版社、中国妇女报、人民网联合主办的书香三八读书征文活动已经举办两届了。从2013到2014年，中国建筑参加读书征文活动的女职工共有7万多人次，共收到征文稿件两千余篇，其中有25篇作品在全国书香三八读书征文活动中获奖，有95篇作品在中国建筑书香三八读书征文活动中获奖，展现了中国建筑女性良好的文化素养和精神风貌。中建总公司工会女工委连续两年获得第一届、第二届全国书香三八读书征文活动优秀组织奖，中建七局、中建安装分别获得第一届全国书香三八读书征文活动优秀组织奖、中建八局获得第二届全国书香三八读书征文活动积极组织奖；中建一局、中建七局、中建八局分别获得中国建筑书香三八读书征文活动最佳组织奖。

近年来，中国建筑推进学习型组织建设，倡导“书香中建”，读书作文，蔚然成风。中建总公司工会女工委躬行其事，积极倡导女职工养成良好的阅读和写作习惯。通过阅读和写作，提高自身的文化素质和心理素质；培养阳光心态，乐观面对工作和生活；感悟幸福真谛，提升幸福能力。在各级女职工委员会的精心组织下，广大女职工在参与读书的同时纷纷拿起笔来，以真挚的情感、身边的故事、心灵的体验，反映了工作的酸甜与苦辣，记叙了生活的感悟和感恩，表达了幸福的憧憬和追求。经久濡染期间者，构思奇巧，行文老到，出手不凡。初出茅庐者，言真意切，稚嫩朴拙，别具一格。当然，经历不同，感悟相异，文有精粗，述呈先后，我们最需要欣赏和体味的，还是女员工讴歌的人世间真、善和美的故事。由此，我更多地想到，中国建筑这些年业绩发展蓬蓬勃勃，文化建设蒸蒸日上，没有那“半边天”，没有那一朵朵美丽铿锵的“中建玫瑰”，一切都是不可想象的！

《中建巾帼——幸福篇》收录了25篇在第一届、第二届全国书香三八读书征文活动中的获奖作品、35篇在中国建筑书香三八读书征文活动中的获奖作品、91幅反映中国建筑女职工幸福瞬间的摄影作品，以志纪念。在女工委的组织下，各单位的工会主席、女工主任也纷纷受命执笔为文，畅谈自己对幸福的感受和理解，使此书更加充实，可读性更强。

毛主席说：“没有文化的军队是愚蠢的军队，而愚蠢的军队是不可能战胜敌人的。”

我们有文化，我们能够战胜任何敌人，我们为国家、为社会、为股东、为企业，为我们的男员工和女员工，拓展着绵延无尽的幸福空间！

（2014-12-18）

序言 《我为电影狂》

2014年，中建总公司举办了第一届党风廉政建设微电影比赛，创作出480个剧本、160部影片，近3000人参与了组织、创作和演出。聚焦的电影主题、新颖的故事构思、高涨的创作激情、优异的影片质量和良好的传播作用，使比赛达到了寓教于乐的效果，有力地推进了党风廉政建设工作的深入开展。这次比赛，不仅在公司系统内反响强烈，得到了充分认可，而且得到了中央纪委、国务院国资委纪委的肯定。经过严格筛选，部分优秀作品在中央纪委网站播放。

微电影具有时间短、演员少、故事精炼、主题集中、器材多样、成本低、播放简单等优点。选定微电影作为推进工作的切入点，就在于一个“微”字。它让忙忙碌碌的人们在最短的时间里以艺术的方式表达和接收相关信息。它使我们这些连业余都算不上的人群，得以参与电影创作这神秘又遥不可及的活动。

万事开头难。我们要组织剧务，要编写剧本，要寻找演员，要克服技术困难，要满足其成为电影的一切要素，等等。对于从未接触过电影的我们，具有相当的难度。我很佩服公司纪检监察系统同志们的勇气、能力和不服输的精神。一旦认定微电影是丰富员工业余文化生活的有益活动，是企业廉洁文化建设的重要内容，大家就认真学习，主动思考，沟通协调，强力推进。

优秀的剧本是精彩电影的前提和基础。就像建筑设计一样，有了好的方案，才能美观、实用、节约成本。创意是微电影剧本的精髓所在，只有贴近生活、贴近社会、贴近反腐倡廉建设的主题，才能感染人，教育人，收到事半功倍的效果。

在微电影比赛的初始阶段，为给大家有个学习借鉴，我们到处寻找微电影剧本，但却难以找到。于是，全系统的同志们自己摸索着写剧本。入选的33个剧本，剧作者远远超过33个人。许多剧本是集体讨论、反复修改出来的，是大家智慧的结晶。可能从专业角度说，这些剧本叙事节奏松散无序，情节设计尚有瑕疵，人物性格不够丰满，但最重要的是以自己的企业为背景，以自己的工作为载体，以自己的业务为主题，身边人说身边事，亲切自然，真实可信。

《兄弟》情节曲折，冲突激烈。主人公在兄弟反目、父母误解、亲人冷落的重重压力之下，妥善处理了家庭、亲情与企业之间的利益关系，最终赢得家人的理解，兄弟冰释前嫌。特别是邻居大婶的哭诉，使故事发展峰回路转，充满了正能量。

《交锋》是根据查案办案的真实事例改编的。从线索发现到绳之以法，故事不仅描述了违法乱纪者在强大攻势下的心理变化，也表现了办案过程的曲折艰辛，成功地塑造了一群反腐斗士。

《朝暮》中，父亲周良骥不愿看着儿子走上和自己一样的路，终于自揭伤疤，用自己当年为权钱交易所沉沦，失去一切后才知道无法挽回的惨痛经历，教育身居建筑公司重要职务的儿子周明达，使其悬崖勒马。

故事很多，恕不能一一列举。在创作和发布的过程中，我们深深地感到，微电影比赛既是对全系统纪检监察工作人员的一次业务学习和培训，也为廉洁从业找到了更为直观的教育载体。从这个角度出发，我们产生了将136部参赛影片中的33个剧本编辑成书，作为《中国建筑廉洁文化丛书》之一，在更广泛的范围内发挥作用的想法。

为了增强书的可读性，我们充实了一些过程成果、创作体会等，以使读者易于理解。

在整个比赛过程中，张洪生和王萍同志身先士卒，边学边干，做了大量工作。尤其是王萍同志，从组织比赛到组织选题，甚至直接参与很多剧本的改编，功不可没。纪检监察局和全系统的同志们，出谋划策，亲力亲为，为微电影比赛的成功，做出了贡献。

《我为电影狂》书名是纪检监察局的同志们起的。我理解，他们是这样考虑的：首先，拍摄微电影对他们来说几乎是天方夜谭，既做了，又成功了，表达了他们“知其不可为而为之”的勇气。其次，虽然有了想法，但关山阻隔，困难重重，展现了他们“明知山有虎，偏向虎山行”胆量。最后，砖瓦灰砂石的建筑行业，查案办案的纪检监察工作，都给人一种“干巴巴”的感觉，他们是想用微电影这种艺术形式，展示出中国建筑人，中国建筑纪检监察人，充盈的艺术细胞和良好的文化素质……

（2015-3-26）

《建筑企业效能监察实务、制度与案例》后记

数易其稿,《施工企业效能监察实务、制度和案例》面世了。将工作实践加以总结和提升,编辑出版一本对效能监察工作有所裨益的书,是我们从事这项工作的同事的共同心愿。

中建总公司从最初的个别探索、部分开展，到今天的规范化、制度化和科学化实践，效能监察工作已历经十七个年头。2003年年初，我担任总公司助理总经理，工作任务之一就是协助总公司党组书记负责纪检监察工作。在了解了企业纪检监察工作任务和特点后，我对效能监察产生了浓厚的兴趣。根据在中建总公司办公厅和企业管理委员会负责建立ISO9000质量管理体系的工作体会，我觉得这两项工作可以有机地结合起来。2004年我担任总公司党组成员、纪检组长后，便督促纪检组监察局开始实际着手推进这项工作。令人欣慰的是，中建三局也根据多年的效能监察工作经验，有这方面的考虑，于是，推进工作一拍即合。经过全系统的共同努力，2005年制定并实施了《中国建筑工程总公司效能监察工作体系文件》。经过一年来的试点和推广工作，成效很好，特别是从事项目管理的一线人员对体系文件给予了充分的肯定和很高的评价。这也促使我们将实践的经验加以总结，上升到理论，出版发行，公诸同好。

为完成本书的编写工作，我们从全系统各工程局集合人员成立编写组。我们还先后在北京、武汉、包头、长沙等地多次召开编审会，从理论体系、逻辑框架到具体内容都作了深入细致的研究和修改。我们专门成立了编辑指导委员会，中纪委监察部陈昌智副部长、国资委纪委贾福兴书记和中纪委驻建设部纪检组姚兵组长等领导同志担任了编辑指导委员会的顾问。中纪委监察部一室的强卫东主任和室里的其他领导及工作人员，对书的编写出版给予了具体的指导和支持。国资委纪委监察局的领导和同志们也及时提供文件资料，帮助我们解决了很多难题。建设部纪检组的同志们也为我们提供了大量的行业信息。在本书即将出版之时，陈昌智、贾福兴和姚兵等领导同志为本书拨冗作序，在此我们表示衷心的感谢！

感谢中建总公司孙文杰总经理、郭涛书记。作为国有大型企业的主要领导人，他们从企业改革发展稳定的全局出发，全力支持纪检监察工作。在推进总公司效能监察体系文件实施的过程中，他们从效能监察工作在国有企业管理和监督中的重要作用出发，卓有成效地指导了这项工作的开展。

也要感谢中建总公司项目管理部的同志们。他们根据项目管理的实际，对本书的修改和完善提出了很好的意见和建议。

中国方正出版社的领导和同志们大力的支持和帮助，使这本书能够顺利地出版，我们表示深深的谢意。

在本书编写过程中，作为编辑指导委员会成员，中建总公司各个工程局的纪委书记们从头至尾参与了本书指导思想、体例、章节以至文字的讨论。中建三局原纪委书记、副局长王铁成同志，以往多年从事工程施工和企业管理，对企业的纪检监察工作思考颇深，为本书的编写做了很多有意义的工作。中建三局纪检监察室副主任樊光中同志，作为本书的主要起草人，付出了辛勤的劳动。中建总公司项目管理部执行经理李君同志，作为中国工程建设ISO9000论坛学术委员会主任和中国国家认证认可委员会专家委员会委员及技术评价专家建设专业组组长，对总公司的效能监察体系文件建设和本书的出版，都给予了极大的帮助。中建一局编写的《效能监察工作十讲》也为本书提供了有价值的资料。本书主要编写人员有：王铁成、李君、朱先才、吴益、张石磊、傅学军、李书阶、赵丹。此外，张世忠、何成旗、何晓梅、姚晓东、丁志刚、陈本宁、苗增生、邵长友、段义海、王雅辉、钟伟也参加了修改、审阅及辅助工作。严格地说，本书是按照创新的思路，对中建总公司全系统纪检监察工作者十几年实践和经验的总结，是集体智慧的结晶。

效能监察还处在不断规范和完善的发展时期，还有待在企业的生产经营实践中、在发现问题与解决问题的过程中，不断地总结提升。所以本书的缺点和不足在所难免，敬请读者不吝赐教。我们想，如果本书的出版能够加深广大读者对效能监察的理解和认识，能够给建筑行业一点有益的参考，能够成为我国效能监察事业走向规范化、制度化和科学化的有益尝试，这将是我们最大的满足。我们相信，在纪检监察系统同志们的共同努力下，效能监察将在我国各项事业的建设中发挥越来越大的作用。

（2006-10）

开头的话

《中国建筑工程总公司纪检监察工作手册》序言

2003年从事纪检监察工作以来，总想有时间将有关纪检监察工作的业务知识多了解一些，以便更好地工作。刘洪喜和肖游和朔同志到中建总公司不久，我交给他们的一项主要任务就是整理涵括纪检监察业务知识和总公司纪检监察工作基本情况的资料。当时的设想是，在整理的过程中，使年轻人全面了解纪检监察工作基础知识，了解总公司这些年纪检监察工作情况，有利于他们的健康成长，同时，我和监察局的同志们也可以从中受益。

时间过去将近两年了，讨论了几次初稿，我也就没有再督促兵元催他们尽快成稿。再提起这件事时，已是2006年的下半年了。在这次整理的过程中，兵元和监察局的同志们有了新想法：一是作为一次业务学习，全员参与。兵元同志全面协调，由何东初、刘洪喜、肖游和朔、尹晓帆和李燕共同完成初稿，胡普生、熊林、彭金玲、王玉柱、赵树强参与了资料的搜集和稿件的讨论。二是为了提高总公司系统纪检监察干部的整体素质，我们将这些资料编辑印刷成小册子，使每个人在工作中都能简洁便利地找到所需资料。

企业纪检监察工作是企业管理的重要组成部分，对保证企业的持续健康发展起着不可替代的作用。这项工作有一定的特殊性，是以较强综合能力为基础的专业性工作，表现为政治性、政策性、业务性很强，涉及政治、经济、文化、社会生活等各个领域。前段时间，建设部纪检组长姚兵同志送我一本他写的书，叫做《纪检监察工作是一门科学》。翻阅过后，我非常地赞同。2005年中建总公司党组下发了《关于加强纪检监察队伍建设若干问题的决定》（建党【05】32号）（简称《决定》）。《决定》指出，建设一支“政治坚强、公正廉洁、纪律严明、业务精通、作风优良”的高素质纪检监察队伍已迫在眉睫，要建立合理的富有活力的纪检监察干部交流和管理机制，逐步改善纪检监察队伍结构，要选拔和任用优秀中青年，优化纪检监察干部队伍的结构，要把一些知识水平高、业务能力强的人员充实到纪检监察部门，要在干部培养、交流和选拔使用上拓宽视野，加强对纪检监察干部多种岗位的使用和锻炼。事业发展，关键在人。如何立足现实，着眼未来，打造学习型团队，培育学习型员工，通过规范化的工作，着力建设一支专业化的队伍，使纪检监察工作质量与纪检监察队伍素质同步提高，强化纪检监察工作的职业吸引力，是我们的共同追求。我想，我们的这本小册子，是落实党组决定的最好行动之一。

这本工作手册立足于纪检监察工作人员的应知应会，按先理论后实践、先一般后个别的逻辑展开，既有选择地介绍了最基本的纪检监察理论知识，又较全面地介绍了纪检监察业务知识；既具体描述了中建总公司纪检监察各项工作的流程，又通过“附录”的方式提供了国外行政监察情况、相关规章制度以及领导讲话等信息。

纪检监察局的同志们都很努力，就目前的目光所及，我们只能和系统的同志们交流这么多了。希望通过这本小册子的发布，在全系统的纪检监察队伍中，形成一股学习的风气，提高各方面的素质，增强工作能力，为总公司的改革稳定和发展，做出更大的贡献。

我们也相信，通过我们的认真工作，通过我们的努力学习，通过我们的经验积

累，通过我们的开拓创新，我们全系统的纪检监察工作同志会向企业和员工交出一份更加满意的答卷。

（2007-1-22）

《赢在效能》序言

今年年初，樊光中对我说，他计划将硕士论文整理成书，没想到这么快，也没想到这样有创意。就目前所知，全面系统深入地对企业管理效能评价问题进行研究，《赢在效能——企业效能评价实务》是第一本。我相信，本书的出版对企业管理效能评价工作具有重要意义。

国有企业从1989年开始关注企业管理效能问题。1989年12月尉健行同志在第二次全国监察工作会议报告中第一次正式阐明了效能监察这一概念，在这之后，中央纪委、监察部领导又多次对效能监察的内涵、标准、方法、作用及组织作了明确论述。近几年，中央企业管理效能的监察工作逐步成为中央企业内部监督管理的重要组成部分。2005年中央纪委、监察部在郑州专门召开了效能监察的全国性会议，总结推进国有企业效能监察工作。国务院国资委成立以来，多次召开中央企业效能监察工作座谈会，总结各中央企业效能监察工作经验，探索效能监察的有效方法与形式。2006年，国务院国资委制订了《中央企业效能监察暂行办法》，这是企业效能监察发展史上一个具有里程碑意义的制度。2008年，国资委又在积极研讨制订出台《中央企业效能监察优秀项目评审办法》。这一办法的出台，将推进企业效能监察专业化、制度化和规范化发展，同时大大促进企业管理效能评价工作的开展。

企业在加强风险管理的同时，必须加强对企业管理效能的过程管理，这是比企业风险管理更高层次更综合的企业管理行为。企业防范风险是解决企业的生存问题，而解决企业管理效能问题是解决企业管理质量的根本问题，是确保企业持续发展的关键所在。

随着社会发展和社会主义市场经济的逐步完善，公众投资者越来越关注企业的内部管理效能。管理效能将成为上市公司对股东负责和创造价值的新的管理要求，企业管理效能评价将成为现代企业管理内容中的重要部分。近几年的世界500强企业中，我们不难发现，那些稳居市场领袖企业的管理不仅在风险管理方面做得很好，在企业管理效能方面也做得非常优秀。沃尔玛总是比它的竞争对手早一步开发研制出新的能够提高物流速度和工作效能的软件和硬件设施。DELL电脑则是以其最快的电脑定制生产与交货服务而占尽市场的先机。如果说风险管理解决得好是他们的生存窍门，那么他们为顾客能够提供更快、更多和更高质量服务的高效能管理体系是他们成为市场赢家的核心竞争力。应该说，现代企业管理已经进入风险管理与效能管理并重的时代。

在现代企业管理理论中，有关企业管理方面的理论随着现代企业管理实践有了许多新的管理成果出现，并且在不断发展与完善，如企业风险管理理论、企业内部控制理论、企业绩效评估理论、企业价值评估理论、业务流程理论等。目前，在学术界和企业界对企业管理效能测试与评价方面的研究成果还比较少。樊光中第一次从企业管理效能的角度系统研究企业管理效能测试评价问题，充分利用现代企业管理理论成果之大成，提出从认知性、充分性、符合性、有效性和适宜性五个方面测试和评价企业管理效能的“五性评价模型”，为企业管理理论研究打开了一个新的研究方向。“五性评价模型”为企业管理效能测试与评价发现管理效能问题提供了一种全新的系统的解决方案。通过“五性评价模型”测试和评价企业管理体系、业务流程的管理效能情况，发现企业管理效能中存在的问题，为不断改进和优化企业管理体系、业务流程管理效能提供科学决策依据，从而实现对企业的有效管理。《赢在效能——企业效能评价实务》的出版，将为企业发现和改进管理体系运营效能问题，建立高效能管理体系，从而赢得市场，提供重要的理论参考与管理指导。

樊光中在中国建筑工程总公司的二级、三级公司从事过多年的项目物流管理、项目商务等管理实践活动，在公司担任过物料部经理和纪检监察部、审计部经理，负责公司内部审计与内部监督管理活动，以及生产要素招标监督办公室的主任；他还曾担任过物料贸易公司的副经理和租赁公司的经理等公司高管职务。由于他做过执行者，做过监督者，也做过基层公司的领导，多种管理角色转换和工作经验，使他成为在集团层次负责企业管理效能监督工作的恰当人选。在调任总公司纪检组监察局之前，他的职务是中国建筑第三工程局纪检监察部副主任。

2004年，根据当时企业效能监察工作没有统一规范的制度要求和无所遵循的情况，中国建筑工程总公司研究探索将ISO9000体系与效能监察理论与实践相结合，设计一套科学规范的效能监察体系。2005年，我们颁布了《中国建筑工程总公司效能监察工作体系文件》。经过一年的试点与推广，基层项目管理人员对文件给予了充分的肯定和很高的评价。2006年，我们又将实践经验加以总结，上升到理论，由中国方正出版社出版了《施工企业效能监察实务、制度与案例》一书，该书得到了国家监察部、国资委和建设部相关领导的肯定和好评。认为该书是我国企业效能监察理论与实践的最新成果，是第一个科学规范的效能监察体系，对提升企业的市场竞争力将产生现实而深远的影响。在这个体系的探索和实践过程中，樊光中是主要参与者，也是体系文件的主要执笔人。我想，他目前在企业管理效能方面的深入系统的研究，应该得益于当初的体系文件设计。而《赢在效能——企业效能评价实务》一书的实践支撑，也能在中国建筑工程总公司的效能监察实践中得到认证。

这些天，全中国人民都沉浸在成功地举办“真正的、无与伦比的”奥运会的喜悦之中，我们也尽情地享受着北京的蓝天白云。我们有理由相信，奥运会给我们留下的巨大的物质和精神财富，一定会转换成国家发展的巨大力量。作为企业，以奥运的精神，解放思想，更新观念，创新模式，加快发展，更是时不我待。而看着眼前这本《赢在效能——企业效能评价实务》，我觉得，企业的发展离不开人才，而企业也给人才搭建了广阔的实践舞台。舞台因人而有声有色，波澜壮阔；人因舞台而生龙活虎，意气风发。

（2008-10）

《南国论剑》序言

当我拿到这集文稿时，首先让我感到新奇的是书名——《南国论剑》，充满中国的功夫色彩。广东办事处汇编的党建论文集选用这么一个书名，看来着实下了一番"功夫"。

新中国成立以来，特别是改革开放30年来国有企业发展的历程表明，党建工作始终是国有企业的独特政治资源，是企业核心竞争力的有机组成部分，是企业科学发展的关键因素，也是建立中国特色现代企业制度的本质特征。中国建筑工程总公司作为有着几十年光荣历史的国有重要骨干企业，伴随着新中国建设和改革开放的前进步伐，在海内外两个市场上拼搏发展，已经逐渐壮大成为国内最具竞争力的建筑地产集团，并成功地跨入了世界500强企业的行列。这是几代中建员工团结奋斗的结果，其中也凝聚着企业党建、思想政治工作不可替代的作用。

如何更好地总结经验，继承优良传统，以改革创新精神推进国有企业党的建设，这是2009年中共中央组织部和国务院国资委联合召开的全国国有企业党的建设工作会议，留给我们的时代命题，也毫无疑问地成为我们各级党组织乃至各级领导干部必须认真思考的课题，更是摆在我们面前的极具挑战意义的工作实践。我很赞成广东办事处的做法，他们把基层同志的理论成果、实践经验和学习心得整理成册，给热爱党建工作，潜心研究党建工作的同志搭建了沟通交流平台，便于大家学习探讨，从而使更多的同志得到启发。

这本论文集收录了25篇文稿，文章作者既有多年从事党建工作的业内人士，也有行政管理和生产经营一线的同事；既有担负一定职务的二级企业领导同志，也有加盟中建大家庭不久的普通员工。大家站在不同的角度谈经验、讲作法、提建议、论心得，尽管年龄不等、身份各异，也许有些观点还值得商榷，但无不反映出基层同志对企业党建工作的关注之情和热爱之心，以及对深层次问题的思考与探索。

“论剑”本是对剑术的探讨，一言一辞都蕴藏着舞剑人的感悟与实践，企业党建工作更需要“论”，因为一切都在变化之中，以不变应万变在党建工作上是行不通的。“论剑”是为了更好地“亮剑”，适应新形势、新特点和新任务的要求，抓好党建促进企业发展，把党的政治优势、组织优势和群众工作优势转化为企业的竞争优势、创新优势和科学发展优势。只有这样，我们的“论剑”才更出彩，更有价值，更具生命力。

听广东办事处的同志介绍，《南国论剑》今后每年将有一集面世，区别在于每集论文主题的不同。我很高兴能为首集写几句话，并且期待明年有更精彩的文集与大家见面！

（2010-1-31）

《流程修炼》序言

樊光中同志将他的第二本书放在我面前，希望我为他的书说几句话。我感到很惊讶，也很欣慰。年轻的同事善于学习，勤于思考，在做好本职工作的基础上，将工作的感悟和实践的体会升华为理论，惠及世人，非常难得。说难得并不是简单的夸耀，出第一本书的时候，他刚刚调到总公司，一切都在熟悉和适应的过程中。现在，他已经是总公司监察局的助理局长，工作繁忙，需要协调和动手的事情不计其数。在这样的工作状态下，还能利用工作之余，笔耕不辍，确实使我们汗颜。这也是我愿意为他序而又序的重要原因。

樊光中同志作为中国建筑工程总公司监察局负责效能监控的助理局长，对企业管理，尤其是效能监控有着丰富的实践经验和较深的理论基础。在中国建筑这个平台，作者在10多年的工作实践中，不断进行着管理上的总结与思考。他在公司的不同层面从事过不同的工作岗位，不同的管理实践与工作经历使他有机会从各个不同的角度、各个不同的管理层次总结、思考与探索企业最有效的管理思想和管理方法。

管理学是人类管理智慧的结晶，是无数前人实践经验的积累和总结。系统的管理学研究，西方发达国家已有百年的历史，至今已形成比较完整的体系，有很多值得我们学习和借鉴的地方。但管理理论与一个国家的历史、文化、政治、经济以及社会等密切相关，中国的管理理论必须在充分研究自身特点的基础上博采众长，融会贯通，取其精华，不断创新。要沉下心来，想自己的问题，找自己的对策，不能简单地拿来主义。

樊光中同志这本关于流程效能管理方面的书就是一个很好的尝试和探索，它是作者在吸收借鉴世界管理学和经济学大师们智慧与观点的基础上，对自己多年企业工作经验的总结与思考。该书具有以下特点：一是技术与实践指导性较强。该书按照理论篇、方法篇和案例篇三部分构建全书框架，理论与方法、实践相结合，既有比较深的流程效能管理理论研究成果阐述，又有按照其理论成果建立的技术方法，也对每一个工具方法的运用进行了案例示范。二是提出了一种新的流程理论。该书从构成流程框架的要素角度给出了新的流程定义，提出了现代企业“要素流程理论”，梳理了原有的流程理论与实践过程，将其划分为工艺流程化、管理有限流程化和流程再造三个发展过程，并讨论了现代企业“要素流程理论”与管理理论丛林、现代管理技术的内在联系，提出了现代企业“要素流程理论”是一个企业管理活动的框架，为企业推进流程标准化管理提供了实用的参考。三是创造性地提出组织结构“二元论”和“组织设计方格图”理论。该书通过对近现代流程理论观点的总结，归纳出现代企业诸多流程观点是以输入输出为特征的“输入输出流程理论”，同时，反思了输入输出流程理论的不足，流程优化实践中失败的原因，并比较深刻地挖掘了当前企业推进管理流程化失败多成功少深层次的原因，提出组织结构“二元论”，提出企业在流程化推进过程中组织设计需要遵循的“组织设计方格图”的规律。四是在“要素流程理论”基础上提出企业卓越效能管理范式、效能管理过程、技术方法与基于效能的竞争战略。理论篇部分，从流程修炼的角度，基于流程，围绕企业效能管理思想，提出建立企业卓越效能管理范式的思路、讨论了怎样识别流程、怎样掌握与管理流程运行的风险、怎样认识流程运行的规律、阐述了世界经济发展新时代建立基于效能的核心竞争优势的战略形势、意义与效能管理本质及策略方法，并总结了流程修炼的一般原则。

当然，本书在某些问题上的观点还有待商榷，关于流程管理的理论架构还需进一步研究，相关管理技术与工具模型还需不断完善。但总体而言，我认为本书的出版对于我国企业建立流程效能管理，具有很好的参考意义。

我们要创造一流的企业，没有创新不行。管理的创新要从实践中来，到实践中去，需要我们勤于思考，敢于尝试，善于总结。应该说，管理工作千差万别，要从各种特殊的管理工作中寻找出共同的普遍适用的规律、理论和方法，具有很大的难度。同时，管理又是一个十分复杂的过程，涉及众多相关学科，综合多种影响因素，这又大大增加了研究管理的难度。面对管理的博大精深，我们需要苦思冥想，绞尽脑汁，才能一点一滴地领悟到管理的真谛。

樊光中同志在做，希望他将做得更好。

（2010-12）

《『和·美』——庆祝建国六十周年中国建筑摄影比赛作品集》序言

据说世界迄今为止出土的最古老壁画是在叙利亚城市阿勒颇的一处新石器时代遗址，距今大约一万一千年。就此我们可以肯定，人类已经有了使用工具和相关材料记载眼前影像的能力和兴趣。其后，工具和材料的发展及演变，使我们得以欣赏人类创造的无数艺术作品。时间到了1839年8月19日，法国科学院与美术学院的联合集会被认为是摄影术的开端之日。不夸张地说，随着近年科技的发展进步，尤其是数码相机的诞生，使摄影成为人类在绘画之外保存视觉影像和信息的最佳方式，其对艺术、科学与人类的日常生活产生了不可估量的影响。除去将相机作为职业记录工具的人以外，使用相机作为创作手段的人，也许是从事艺术创作人群中人数最多的群体。

中国建筑用辛勤的劳动为人类为社会创造美好的生活。在工作之余，中国建筑同样有众多的同事热爱生活，热爱艺术，热爱摄影。2009年10月15日，中国建筑摄影协会成立。这个群众艺术组织，团结凝聚中国建筑热爱摄影的同事，相互切磋，相互启发，将会有力地推进中国建筑职工群众的文化艺术活动。

中国建筑摄影协会成立的同时，举办了“和·美”——庆祝建国六十周年中国建筑摄影比赛暨展览。比赛主题为"和·美"，分为两组。"和"组，即主题组，作品主题为庆祝新中国建国六十周年，展现中国建筑的和谐之美。"和"组中单独设立了"海外专题"，作品范围为中国建筑海外员工拍摄的反映海外工作、生活的摄影作品和域外风情。"美"组，即艺术组，展现中国建筑人的摄影技艺与审美情趣。比赛共收到参赛作品1200余幅（组），其中136幅（组）优秀作品获奖。

参赛作品不仅集中展现了新中国翻天覆地的变化与历程，多角度、深层次地讴歌了新中国的和谐之美，展示了中国建筑取得的辉煌成就和中国建筑人的精神风貌与时代特征，同时也表现出了中建系统广大摄影爱好者对摄影艺术的热爱，以及较高的艺术修养和摄影技巧。

感谢摄影家吕厚民、张桐胜、胡颖和刘洁同志欣然出任摄影比赛的评委，他们以深厚的艺术修养、高超的摄影功力和严肃认真的态度，为我们去芜存菁、披沙拣金，保证了作品的质量和比赛的公正。

在新中国成立60周年之际，中国建筑成功上市，一个有着光荣历史的企业将迎来春意盎然的艳阳天。躬逢盛世，其乐融融。中国建筑的企业文化也必将进入枝繁叶茂、花团锦簇的年代。希望我们摄影协会的会员们拿起手中的相机记录这段刻骨铭心的历史，也希望有着摄影爱好的同事们加入协会，共同见证国家和企业的发展，共同创造如诗如画的人生。

满足中国建筑摄影协会广大会员的愿望，我们结集印制《"和·美"——庆祝建国六十周年中国建筑摄影比赛作品集》，以此纪念国家的辉煌和中国建筑的盛事。

（2009-12）

《沧海一粟》序言

前几天，总公司美国公司总经理袁宁先生来电话，说为了庆祝美国公司成立25周年，公司的财务总监高梅生先生要出一本摄影集，希望我为他做个序。中国建筑摄影协会成立以来，尤其是我们举行了“和·美”摄影展览之后，时不时听说我们的一些同事增添了摄影设备，加入到了摄影爱好者的行列。这次知道大洋彼岸也有总公司的同事一直乐此不疲，真是打心里高兴。

高梅生先生我还是熟悉的。1995年年底在美国调研考察的时候就认识了他，只是由于业务不同，其后没有什么联系。

一门艺术，我感觉工具越是简单，使用的人越是多，站在金字塔顶端的几率就越小，而这种成功，就越有价值。比如作家，母语的文字大多数人都会，要是故事说得动听，文字配合得恰到好处，就是大家了。而摄影也是如此，喜欢的人越来越多。如果不是专业摄影师和器材发烧友，我们这些业余爱好者的工具大体相当。如果工作繁忙，家事琐碎，分配给摄影爱好的时间不多，拿出好照片的机会当然很少。在有限的时间里，持之以恒，凭着个人的艺术修养，创作出值得称道的艺术作品，不是一件容易的事情。

我对摄影虽然喜欢，但时间分配不够，也没有深入研究，技术和艺术方面仅仅略知一二，有些话说不到点子上。拜读了《沧海一粟》，感觉高梅生先生具有相当的功力，在中国建筑“摄影界”绝非等闲之辈。我认为摄影集有这样几个特点：

其一，表现出高梅生先生对公司的热爱。作为工作繁忙的财务总监，关心公司，热爱公司，用手中的相机随时留下公司发展的点点滴滴，不仅仅是对摄影的单纯喜好，更需要有对公司的强烈的爱，才能做得到。

其二，表现出高梅生先生对摄影的执着。摄影集的很多作品历史久远，时间跨度大。作为业余爱好者，调节好公务和私事，挤出时间，不离不弃，在别人沉浸在场面和景致的时候，用相机留下历史，留下记忆，殊为不易。

其三，表现出高梅生先生对摄影艺术的追求。我是第一次见到他的作品。说实话，很多作品无论从构图、用光，还是从题材选择等方面，都表现出了独到的地方。高梅生先生没有参加总公司的“和·美”摄影比赛，如果参加，一定是获奖作者。

其四，纪实与艺术并重。摄影家们的专辑要么纪实，要么艺术，有的在艺术题材上可能还非常的专精。我觉得《沧海一粟》的特点就是在于既有纪实，也有艺术。因为我们是业余摄影爱好者，因为我们的摄影集是为了公司的周年纪念而印制。

看了《沧海一粟》，使我深深地感到，中国建筑不仅仅是一家国际知名的建筑地产集团，同时也有着深厚的文化内涵和多才多艺的员工队伍。希望高梅生先生再拍摄出更多好的作品，也希望在高梅生先生的带动下，美国公司有更多的同事加入到业余摄影队伍中来，用手中的相机记录公司的成长和我们多彩的生活，以此唤醒记忆，见证辉煌。

适逢美国公司25周年，回顾美国公司的发展历程，真是感慨万端。在总公司的领导下，美国公司取得了骄人的成绩。感谢美国公司历届班子和袁宁先生的努力，感谢美国公司的中外员工。让我们百尺竿头、更进一步，在总公司“一最两跨，科学发展”战略目标的引领下，取得更大的成绩。

（2010-8）

《北京教堂》序言

宁义很会做工作。一次会议的间歇，宁义给我一本摄影集样本说："这是院里赵维勇照的。"看着《北京教堂》的名字，我就有一种好奇。在北京生活了一辈子，就知道那几个知名的教堂，难道还能集成一册厚厚的摄影作品？打开以后，真的被内容所吸引。我估计宁义在远远地看着我，直到我专注地看完合上封面，宁义才走过来用商榷的口气问："给写个序呗？"

我真的无法拒绝，因为在阅读的过程中，收获了很多。

业余喜欢摄影，所用时间不多。每每碰到名家，总是得到语重心长的嘱咐，一定要专注某个题材或某种手法。有所专注，才会有所成就。然而天南地北，资质愚钝，始终没有对名家的托付给予足够的尊重。我不知道维勇喜欢摄影多长时间，是不是得到名师的指点，然而一步到位，直接选择某种题材，酣畅淋漓地发挥，绝非一般爱好者所为。

我相信，维勇是个聪明人，他肯定知道爱好与专业的关系。我始终崇尚人要有些爱好，不然对思路和专业有所限制。对世间的一切都无动于衷，肯定对生活没有感觉；而仅仅有爱好，沉迷其中，忽视其他，又失之偏颇。如果能将工作与爱好结合，生活品位与工作乐趣互为补充，相得益彰，肯定会有大成就。

摄影其实真是一件艰苦的事情，起早贪晚，手持重物，只有到险远之处才会有别人没有的收获，要付出的很多。维勇的可贵之处在于，一旦确定目标，就义无反顾地追索。我能想象得到，一个人东绕西绕驱车300公里，去寻找那个名不见经传的教堂的感觉。而当你忽然得到线索，兴高采烈地出发，没有找到目标，或者目标已经面目全非，一定会被失望的情绪所笼罩。

感谢维勇，在看到摄影作品的同时，对我们进行了建筑知识和历史的教育。也希望维勇继续努力，提高摄影作品的质量，真正成为摄影的行家。

中国建筑摄影事业在蓬勃发展，越来越多的人加入这个队伍。相信再经过几年的努力，不仅仅我们的摄影协会，我们的文艺和体育协会，我们的企业文化各个方面都会有长足的进步和发展。

（2012-3）

注：1. 宁义，顾宁义，时任中建设计集团直营总部纪委书记、工会主席。
2. 赵维勇，时任中建设计集团直营总部副总经理。

《成都映象》序言

每个月都能收到很多内部杂志。如果隐去编辑单位，我想我会认出西南院的刊物：时尚、雅致、清爽、耐读。除了文字和设计之外，具有相当水准的摄影作品，为杂志提供了极高的可读性。建筑设计本身就是技术和艺术结合得最好的一项业务。西南院创作出好的摄影作品是应该的，西南院有一群具有极高艺术细胞的员工是应该的，西南院有好的文化艺术氛围也是应该的，所以西南院取得优秀的改革发展稳定业绩是理所当然的。感谢龙卫国院长和张宽书记对企业文化的支持，感谢西南院摄影协会把自己的艺术家园经营的这样枝繁叶茂，也感谢那些摄影爱好者用技术和艺术出色地记录了成都的风貌。我始终认为人应该有爱好，如果爱好与所从事的业务有机结合，既是单位的幸事，也是个人的幸事。借用《成都映象》前言里的故事，我们不是掉队了，我们的灵魂和脚步的节拍吻合，走得充实，走得愉悦，走得充满希望，走得很远很远……

（2013-11）

序言 《带你走进乡愁》

早就认识张继均。将他和摄影联系到一起，还是2013年到中国建筑西南办事处参加摄影比赛颁奖仪式。当看到站在我面前的是张继均，才知道他是摄影发烧友。那次他获奖作品的名字叫做《光耀红土地》。

从那以后，你不想关注他都不行了。总公司内外的报纸、杂志和各类比赛，总能看到他的作品，听到他的消息。综合那个时候的模糊信息，从整体摄影水平来说，他确实要比总公司一般的爱好者“专业”很多。现在，他的作品汇集成集，编入中建总公司摄影协会专题摄影系列丛书，使我更加确认了这种感觉。

翻看张继均的《带你走进乡愁》，好像灵魂深处某个久未触及的地方，飘过一缕风，润过一丝雨，被撩拨被震颤又无从表达。我想，或许这就是乡愁。对于乡愁，我没有文化哲学层面的思考，我没有那个高度。不过，我也在想，乡愁的核心是什么？高处说，是一种文化积淀。具体说，无非是童年少年时由父母亲属同学朋友和居住环境组成的那种氛围，同时由那种氛围折射出的使自己乐于接受的美好的感觉。而这种感觉在同现实形成强烈对比时，越发浓烈。1840年以后，中国进入半殖民地半封建社会，经济变化，人口流动，转型剧烈。1978年以后，国家改革开放，经济快速发展，人口大规模流动，社会变化天翻地覆。我要说的是，新一代的年轻人，他们乡愁的核心内容已经发生变化。就说我自己，故乡在我心中，由于多年的流动，已经碎片化了。即使在我最纠结烦躁的时候，也很难从某段经历中找出美好与之对比，从而沉浸其中，用昔日的美好淹没伶仃与孤苦。我很欣赏白居易《初出城留别》中的诗句："我生本无乡，心安是归处"。感谢张继均，通过他的摄影作品，给了我们一个心安的归处。就这一点来说，乡愁好像又不仅仅是个人的，它同时也可能是某个群体的，是民族的、社会的和国家的。

对于张继均的作品，再说构图、用光和那些繁复的相机参数，似乎有些画蛇添足了。就像我们中国建筑那些一线的董事长、总经理和经营管理者们，他们考虑的是企业的改革、发展和稳定，是战略、转型和运营模式，那些技术问题我们有无数的工程师在做，而且那是我们完成任务最基本的保证。

对于《带你走进乡愁》，我最想说的是扑面而来的文化冲击，这一点实际上我前边已经说过了。从摄影的角度，他找到这样的切入点来组织自己的作品，非常聪明。乡愁成为一个纲，串起了人文、风景和人物等几个摄影领域。他用自己对生活的热爱，唤起我们对生活的考量和沉思。第一张作品，虬枝峥嵘的古树，旧式格局的餐馆，俯栏沉思的老人，安闲进餐的游客（根据他们的背包判断的），整个画面充满了故事。它展示的不仅仅是过往，而是提醒我们，在这里度过今天，明天会是什么样子。

我很喜欢《带你走进乡愁》中的很多照片：雨中的丰盛古镇，居民的闲适与豆花坊工人的繁忙，在两种色彩中形成两个视觉焦点，却融成一个整体，表达出小镇的安逸与祥和。雨后的罗城古镇，阴云密布，地面光滑湿润，凉厅街两边檐下的人群，告诉我们生活就是这样舒适平淡。人物是这本集子最出彩的部分，无论是取材，还是锁定那关键的瞬间，都很到位。诸多精彩，我就不一一重复了。记得《抗战老兵》配合抗战胜利70周年，还在总公司的媒体上发表过，反响强烈。

令我们赞叹的是，张继均能够几十年如一日，勤恳、认真、坚守、执着，他的专注和专心，为我们中国建筑的摄影爱好者提供了榜样。我赞成企业领导人员多一些爱好。企业支持摄影爱好者的活动，支持摄影协会的工作，目的不仅仅为了摄影。摄影活动，可以开阔视野，提高素质，增进友谊，积极休息，热爱生活，弘扬文化，促进管理，拓展市场，好处实在太多。

总之一句话，企业发展了，员工幸福了，摄影是工作和生活之锦上的一朵花。

（2016-8-1）

《兰溪集之诗词卷》序言

我很感谢振海。振海学哲学，数十年如一日，坚持诗歌写作。每有佳作，即以短信的方式，送我先睹为快。因为他的存在，我心灵深处的那点诗歌细胞，总被刺激得痒痒的。

我不知道自己什么时候喜欢诗歌的。当初文化大革命，一本蘅塘退士选编的《唐诗三百首》“死里逃生”，成为我的手边书和枕边书。那时能搜寻到的书很少，脑子里空白一片，很多诗不用专门地背，念个几遍也就顺下来了。我总觉得，这与聪明和记性无关，脑子里没有杂乱的信息干扰以及中国诗歌内在韵律的作用，是得以记住这些诗歌的重要因素。

大学学习汉语言文学。入学两年之后，喜欢现代文学，想从现代文学的新诗入手，再向古代延伸去探讨诗歌的问题。基于这个目的，毕业论文最早想写郭沫若。因为一般地说，真正的新诗是从《女神》开始。然而，为了有头有尾，我还是决定从第一本新诗集胡适的《尝试集》写起。那篇论文是完成了，叫做《论胡适的〈尝试集〉及其历史地位》。1982年到了国家机关再转企业工作，开始几年还订了《诗刊》，还读一些有关诗歌的文字，后来读的功夫没有了，再后来兴趣也没有了，如是30余年。

说了这许多，是由于振海希望我为他的《兰溪集之诗词卷》写序言，给了我关于诗歌的联想。前边的事情我从来没有对周边的人说过，振海更是无从知晓。之所以找到我，大概是我们在工作上联系多，或者是在他利用短信发来众多诗歌之后，我偶尔予以回应吧。我们还能算作唱和的一次，是在欧洲。当时我说，你每天写一首诗吧，结果他真的做到了。读着他"半饮湖光半饮风"的诗句，我大为赞赏，端的是好句！回京之后，我凑了几首自以为诗的东西给了他。

2016年10月底，他到京学习，我们见了面。我说，我已经退休了，你还是找更合适的人作序。他坚持说我给他的诗歌集写序言最合适。感谢他的信任，其实为了写序而做的学习和复习，也是很艰难的事情。由于只读不写或者少读少写，对于诗歌的理解肯定不会到位。律诗成型到现在千年多了，社会和文化生活发生巨大的变化，汉语语音、语法和词汇的变化更是众所周知。坚持旧体诗词创作，就像爱好京剧一样，既是一种艺术的痴迷，也是一种艺术的弘扬，于人于己，功德无量。我觉得，写旧体诗的人，应该分为三类。第一类，诗人。有延续古典诗歌传统的愿望，有深厚的国学根底，严格地遵循诗词格律，比肩古人或望其项背。第二类，诗歌作者。一般的国学基础，大体按照格律书写，兴之所至，心之所安。第三类，诗歌爱好者。喜欢诗歌，缺乏国学基础，创作的是略逊于打油诗的顺口溜。但就是第三类，也是值得肯定的。或许后两类作者的作为，会开启中国旧体诗词的新方向。

我很佩服振海。作为中国建筑西北设计研究院的党委书记，工作繁忙，头绪众多。当我们观山望水、吹牛侃山的时候，他却在潜心研究，激情创作，这不是一般人可以做到的。领导人有一个爱好，又把爱好做到极致，个人素质必将得到最大提升，而因此形成的对企业管理和企业文化的理解，肯定与众不同。通读了《兰溪集之诗词卷》，给我最大的感觉就是，振海对企业的热爱，作为业余作者，艺术对个人工作的服务与服从。除了散见于其他诗歌的描写之外，诗集中专门有《商域行吟》部分，"成立”、“乔迁”、“封顶”、“开发”、“视察”、“上市”、“签约”等词汇层出不穷，仅从诗歌标题用字用词我们就深切体会到中国建筑这些年的发展，说《兰溪集之诗词卷》是一定时间段的西北设计院院史，也不为过。最使我感叹的，还是振海对工作的诗意描写。比如《浣溪沙·加班》：“秋来高树叶杂黄，嘈蝉何去西风凉。鲜果繁枝鱼满塘。月隐苍穹星敛光，柔灯盈窗人多忙。微机屏边咖啡香。”仅仅“人多忙”和“微机”两处直接点到了加班，而整首词都是对加班环境的描写，有这样诗意的环境和诗意的工作，会使我们想到生活和事业多么美好。

我同时也感到，《兰溪集之诗词卷》是振海的一部灵魂史。读过之后，会感到他的笔触无所不至，他对宇宙、对自然、对社会、对人生、对亲情爱情友情，对感动他的一切，那份执着的爱。《两湖行吟·谒毛主席故居》表达了他对主席的热爱，《黄河壶口瀑布感怀》抒发了他对民族的期骥，《伦常吟咏》部分更表达了他对感情的珍惜。我很喜欢《国庆挽母南游·汉中南湖》：“别舟环岛游，老母腿尚健。且呼儿孙来，山水看不厌。”母子之情，跃然纸上。《中秋节》。“记得幼小过中秋，月皎皎，夜幽幽。一家老小香案后，举手望，祈丰收……”儿时的记忆，充满乡土气息。《国庆挽母南游·归途》：“情纵河山心飞扬，意裁音像入诗囊。公假且做休闲游，青山脉脉对夕阳。”潇洒通透，体现了对生活的热爱。《奥地利行·浣溪沙·月亮湖咖啡店》：“半饮湖光半饮风，农舍山庄听远钟。弯弯村路入谷峰。几帆钢舟湾里停，满堂咖啡溢香浓，檐雀翩翩下翠坪。”人热爱自然，心胸和眼界会大有不同。

除了偶然酬唱或者兴之所至，我写旧体诗很少，充其量算个爱好者，从艺术的角度确实没有资格做出评价。但我喜欢《忆近岁登游成诗数首·关山》：“我骑紫骥来，逶迤上青峰。把酒千波爽，临风万壑惊……”胸襟开阔，想象奇特，轻松畅快，一泻千里。《忆近岁登游成诗数首·登秦堰楼望都江堰》：“岷山远来傍青城，点化离堆训苍龙。宝瓶东倾泽西川，鱼嘴北张浚南洪。秦月临波流天地，汉阳照水映青红。阁中二王应欣慰，坐看雪涛舞春风。”主题鲜明，表达严谨，对仗工整，字字珠玑。《浣溪沙·晚餐》。“铜瓢木炭黄牛汤，田边店家新米香。秋阳斜照西花窗。枝头星烁弯月朗，墙外蛩声唱霓光。远客围炉益尽觞。”合上诗卷，闭上眼睛，好像在读陆游和孟浩然等古代大家的田园诗和农家诗，洒脱自然，毫无雕琢。在阅读过程中，我也体会到振海对诗歌艺术形式的探索，如《华清宫怀古》组诗，共五首。其中有三字句、四字句、五字句和七字句，还有整首不按照词牌的长短句，生动活泼，给人新意。

振海是党务工作者，是企业家，是哲学家，是热爱生活的人。有了《兰溪集之诗词卷》，谁说振海不是一个诗人！

（2016-11-27）

《当历史来存——编辑与作者邮件》感言

王萍能力强，热心，爱好广泛。不然，一天诸事琐碎，烦心伤肝，回家冲杯咖啡，泡壶茶，伸个懒腰，总比再绞尽脑汁整理别人的文稿好得多。我的那些东西，天上地下，五花八门，搜集、整理、修改、设计，甚至提出各种意见建议，真很累人。没有副热心肠，早就放下了。

我很感谢王萍。在我职业生涯最后的节点上，让我有机会回头看看走过的路。一辈子忙忙碌碌，临近退休的两年，是我工作内容最多、工作量最大的两年。按我自己的想法，就沿着从公司通往社会的门，头也不回地走了。不是不堪回首，也想回眸一笑，然而文件下了，时过境迁，心情、精力、状态都会随之变化。

因为王萍，使我对自己有个重新的审视，竟然做了那么多的事情，竟然写了那么多的文章，竟然还做了一些从来没有人做过而且得到中央和国家主管部门认可的创新，比如党务效能监督，比如监督委员会的创立，等等。别人也做，但是我们做得早或做得好，比如中国建筑企业形象体系策划，比如效能监察体系建设，比如《中建信条》，比如《十典九章》。

那些书，那些视频，是我人生最好的礼物！然而，这些礼物的价值还不仅仅如此。它告诉我人生存在着那么多的友谊，它提醒我还具备其他方面的能力，它督促我还有很多事情要做、能做。或许由于这份礼物的点拨，我又开启了另外的一条路，也走得很好、很远，前方更广阔。

我从来没有想到这些邮件还能搜集起来，成为一本书。读了这些无意中写成的、拉拉杂杂的东西，觉得很有意思。它把整理、探讨、研究、思考的你来我往记录得清清楚楚，我想贪天之功，都无从着手。

我总在想，企业发展得好，大家都忙，牺牲半年甚至一年的个人时间，去做一件几无回报的事情，着实不易。感谢纪检监察局这个团队，是他们的支持，使王萍得以有时间完成了《笑声朗朗》的整理编辑设计印制。而在编辑过程中，王萍也蕴育形成了自己的作品，可喜可贺。

通过编辑《当历史来存》《当文化来读》《笑声朗朗》等书籍和视频的经历，我觉得王萍有写东西的念头，有文学的素质，有丰富的经历，只要动手，一定会有好的作品面世。

真心地感谢王萍，合作愉快，友谊长存！

（2016年1月6日）

注：王萍，时任中国建筑工程总公司纪检监察局副局长（正局级），主持工作。

《那些年的那些事》感言

2003年前，对于王萍，仅限于知道，因为大家都在总公司工作。就像除了办公厅的同志，和其他部门同志的关系一样。2003年，为了做好三局上市的调研，同时对洪可柱同志退休以后的班子调整做些准备，总公司派了一个庞大的工作组。孙总做组长，我做副组长，孙总开了头之后，我就在那里主持工作。组员我记得大概有李剑波、杜淑玲、张翌、王萍、刘颖、秦玉秀，等等。这个组在总公司有三个空前绝后（起码从那时到现在）：第一，时间跨度长，工作了有半个月的时间。第二，组里人员多，大概10几个人。第三，工作愉快，建立友谊。能以一次工作出差建立联系，并在以后还继续组织活动的，我没有经过。

由于公司安排要组织几个报告，我考虑王萍同志在审计局，是专业人士，撰写报告基础好，也就把一些报告的起草工作交给了她，一来二去也就熟悉起来。王萍同志工作认真负责、一丝不苟，这也是后来我同意她到纪检监察局工作的重要因素。

她是当作管理的专业人士来的，没想到到了纪检监察局，竟然成了组织文化的专业人士。正因为找到了恰当的切入点，她迅速得到了纪检监察系统的认可。也正因为她的工作，纪检监察系统的组织文化，突然间凝聚升华，达到了人人乐于参与其中的巅峰状态。

读了她的这本书，我有四个体会，也是我今后需要努力的：

第一，执着。王萍干什么都有一股劲，像天边生成的一股龙卷风，周边的一切枝枝叶叶都在漩涡里转。执着的重要因素就是勇气和对效果的期待。她实在太勇敢了，想干的事，不管三七二十一，散文、电影、相声、小品，手到擒来，像模像样。要是换了我等，思前想后，瞻前顾后，大概连笔都拿不起来。

第二，转换。王萍同志的这种转换完成的真是成功。一辈子的数字表格，一辈子的逻辑思维，忽然间从抽象换成具象了。就像原来叫做猪蹄和发菜，现在成了穿过你的黑发的我的手。不过，说明王萍同志有良好的基础，有一个文学青年的基本素质。一个写审计报告出身的她，最先出的书不是管理书籍，难能可贵。

第三，基础。这也是我非常感慨的事情。这大概与王萍同志的工作经历相关。从书的编辑看得出，她的档案工作，她的资料搜集，真是细致入微。很多东西不但存得住、找得到，而且还有写作过程。我之所以羡慕，是因为我还没有开始自己资料的整理。一想到很多的材料不知道存在何处、从哪里找，心里就发慌。

第四，效率。人要到退休了，确实应该让他们在最高处喘口气，然后转换到人生的另一片天地。王萍忙了一辈子，纪检监察的事情不说，还要担任总公司工会的女工主任，在张洪生同志高就之后，还要临机受命主持纪检监察局的工作。在这样的情况下，她编辑了她的书。我们感慨，时间都上哪儿去了，同时也感慨她，时间都是怎么来的。

王萍要退休了，从书中可以看出，王萍还是有艺术细胞的，还是有从事创作的潜意识的，干脆就转型做一个文学青年吧。

把一个组织的文化搞得有模有样，也顺便把自己的事情搞搞，我们相信不久的将来，王萍会奉献给我们其他的书籍，我们会说王萍就是一个文化人！

（2016-7-26）

注：张洪生，曾任中国建筑工程总公司纪检监察局局长，时任中国恒天集团有限公司纪委书记。

《晦朔集》自序

本来是玩笑话，但君子一言，当然要经得起驷马来追，好在我说此话也有请贤达监督的含义在。“晦朔”大约有三项意思：从时间论，是年尾年初发生的事；从题材论，是天明和天黑发生的事；从个人感觉论，有从消极转向积极的含义。

也许我“黐线”，大话不知怎么吹到了摄影上。我这略近不惑之年的经历，除了一点儿偶然的缘分，实在没有在这门艺术上下大功夫。也好，这定能促使我再做些实在的功课。

我朦胧地感觉摄影是门技术或艺术是在1970年，那是要随父母从北京迁至秦皇岛，走之前舅妈找了一位先生为我们在天安门广场照了几张照片。他从各个角度拍照，一边照，一边告诉我们远些近些，哪边景致好，该取什么角度。后来冲洗出的照片果然与以往大不一样。我觉得这位先生很行。岁月流逝，使我感受摄影艺术强烈的震撼和冲击，是上了大学之后。改革开放的大潮使中国在文学上涌现出“今天”，在美术上涌现出“星星画展”，在摄影上涌现出“四月影会”。一大批敢想敢干、毫无顾忌、以天下民族为己任的青年艺术家们，以全新的题材、全新的手法和全新的感觉，创作出一大批使人瞠目结舌、欢呼雀跃的艺术作品。想起在中国美术馆四月影会展厅里流连忘返的情景，至今那些激奋、躁动、震惊的感觉仍阵阵袭来。王志平、鲍昆、张征等名不见经传的摄影家们是那样令人叹服地将他们所理解的世界活生生地托给你，而他们的理解又是那样地离经叛道！在照片中看到一位穿着油光光的黑棉袄的老农民神情麻木地蹲在一个特大福字的影壁下晒太阳，你能说得上来心里的感觉究竟是酸？是辣？而我们当年不就这么愚昧地过着幸福生活么？！

“四月影会”使我对摄影艺术有了一定的感性认识，而且也由此读了一些摄影作品，甚至看了几本世界摄影史籍和基础理论书籍，但在摄影技术上终于没有安下心来去修炼修炼。我所喜爱的摄影史上的经典作品之一是以背影为题材的。法国二次大战时的抵抗英雄戴高乐，当时率领法国人民战胜了希特勒法西斯。但当胜利的人民选举新的总统的时候，人民却忘记了他！他孤独地走到海边，面对铅云沉沉的无边大海，深色的西装，拐杖，粗粝的礁石，戴高乐是向大海站着的，然而他的背影却把他的一切沉思都告诉了我们，无穷无尽，无穷无尽，那汹涌的思绪绝不是眼前的海所可以比拟的！

大约艺术是相通的吧！惊讶我怎么一夜之间没有虚荣心！以往自己不成熟的东西是多么不愿以之示人啊！

就这么点儿摄影史，就这么点儿技术，也就这么几天匆促的时间，竟然做了点儿多少年没有做的实实在在的事，确实让人振奋！

《诗经》云：“风雨如晦，鸡鸣不已。”农历年是在阴沉沉的天气中由壬申走向癸酉的，而那只金鸡也在喔喔地啼鸣了。

“雄鸡一唱天下白”！

你好啊，早晨！

癸酉年初五于香港

（1993-1-27）

《有痕》后记

泽平善书法，亦重视文化。繁忙的工作之余，他将中建基础设施业务的企业文化搞得有声有色。2013年上半年，我们同时在中央党校学习，课余他经常到我这里小坐，言谈之间，亦说到各自的爱好。中国书法，博大精深，一个重要的方面，就是利用古代典籍和社会流传的名言警句作为书写的题材，廉洁文化是其中的重要部分。话里话外，达成共识：利用业余时间，以“廉洁文化”为主题，做些事情。

正逢公司推进学习型组织建设和“书香中建”，廉洁文化也搞得轰轰烈烈，遂有了编辑一套廉洁文化丛书的想法：将公司廉洁文化建设过程中的书法、摄影、漫画、微电影、诗歌以及各种艺术形式的作品，逐步地搜集整理，集体结集和个人创作并举，同时也鼓励新的创作。这个想法得到了公司内外领导和同志们的支持。丛书已经选好出版社，且编辑几近尾声，由于种种原因，拖延下来。考虑到《有痕》付出了太多精力，弃置一边，有些可惜。遂对体例作了适当调整，决定交由三联书店出版。

本来我的照片从来没有想过发表，也未做过整理，更没有确定的标题。有时有需要，也只是为使用者提供时间地点，标题由人家去定。之后使用者说照片得了什么

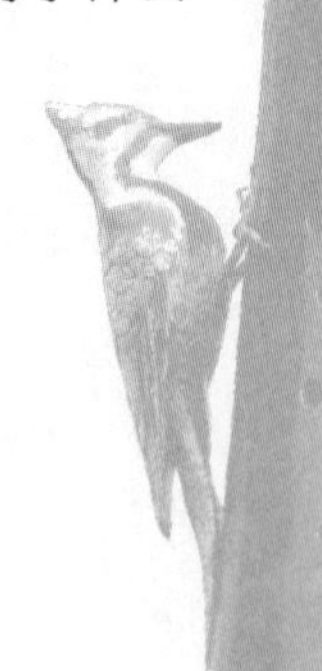

奖，登载在哪个报纸、杂志上，自己都记不得了。将摄影与廉洁文化主题结合，开始我以为找到一些照片就可以了，等到为照片确定标题的时候，确实犯了难。

党的十八大之后，纪检监察系统深入贯彻党的十八大精神，落实中央纪委全会部署，明确职责定位，聚焦党风廉政建设和反腐败斗争，紧紧围绕监督执纪问责，深化转职能、转方式、转作风，全面提高履职能力。照片的内容和标题要有机结合，扣紧新的形势、新的要求和廉洁文化的主题，不是一件易事。照片内涵挖掘得不准确，名字就会误导读者，起不到相得益彰的效果。很多作者干脆不给照片确定标题，或者仅仅说明拍摄时间地点，由读者去自由欣赏，这也是一个好的办法。

由于《有痕》是以思想为主线贯穿起来的，它需要用照片标题来引导读者的欣赏，确实有点勉为其难。我经常久久地看着照片，在贾岛“两句三年得，一吟双泪流”的感慨中推敲和纠结。考虑到照片标题要简洁，字数尽量减少。为了帮助读者更好地理解，也适当做了解释，同时尽量给出词句的出处。个别的就留下想象空间，由读者自己补充了。能力所限，有些照片名字可能牵强附会，甚至张冠李戴。我自己有时看着那些所谓的作品，也深深地感到，对于读者来说莫名其妙和会心一笑或许仅仅隔了一层纸。拍摄的时间和地点我竭尽所能做了查考，由于年代久远，难免会有疏漏，还望读者原谅。

全书扣紧廉洁文化的主题，大体按照人们赞美和崇尚的道德品质、与纪检监察以及警醒警示相关的内容和体现人们美好追求、良好愿望的内涵排序。在大体的排序中，又按照风景、建筑、人物、动物和小品的类别做了粗浅梳理。

照片拍摄时间跨度二十多年，大都是随手拍摄的，题材散乱，不成体统。从摄影艺术的角度说，很难称其为作品。加之一直没有潜心学习摄影技术，常有调整不好参数和疏忽忘记之时。数码相机刚普及的一段时间，使用JPG格式，这些年才使用RAW格式。个别电子版是多年前从更多年前的胶片转换过来的，质素差异极大。

感谢全国人大陈昌智副委员长、中国建筑工程总公司易军党组书记、董事长和中国摄影家协会王瑶主席为本书作序，感谢原城乡建设环境保护部叶如棠部长为本书题签，也感谢中国建筑摄影协会以及我的同事中国摄影家协会会员马日杰同志，由于技术和时间原因，很多照片的后期处理都是他完成的。这次成书，也是他从艺术的角度对照片做了全面的调整。感谢周静、陈健和刘琼同志，他们为了能使征求意见的书稿简洁清晰，反复调整版面。感谢张洪生、郭景阳、王萍、单广袖、汤才坤、陈莹、冯小林、陈锐军、樊光中、何东初、温军、许涛、肖游和朔、陈立行、金晶、石月和张文龙等同志，他们作为第一批读者、批评者和参与者，为本书提供了支持和帮助。同时，感谢三联书店出版社王博文和赵甲思编辑，为本书提供了很好的修改意见。

有这样一本摄影集，多角度地反映廉洁文化，是探索更是实践，希望能做得好一些，之后再好一些。

（2018-1-20）

金三角老兵

慵懒的街道斜靠着山坡，阳光像赶了漫长的路途，无精打采
校园寂静，人影稀疏，狗儿不吠，远山淡远朦胧
小贩支吾着，用神秘的笑，回答我们的疑问，“那漂亮的花在哪儿种？”
泰国，清莱，美斯乐，绿树葱茏的墓地
匾额上的时间苍老斑驳，那是曾经的渊薮，还是恍惚缥缈的梦境
你弓着背，站着，全副武装，敬礼是那么努力地把腰身挺直
50年的风尘，没有使你的目光呆滞，你依然警醒，依然雄心勃勃
你竖起的耳朵好像在等待那一声军号，然后义无反顾地走向远方
你的军装是黄是灰已失去意义，最亮丽的色彩是正义、忠诚
你觉得你是全世界最伟大的人，你充满皱纹的脸透着英武之气
你顽强地活着，为了一个或者无数个朝夕相守的魂灵
你需要赞美，需要信任，需要理解，需要一切作为生命的支撑
你坦然地接下小费，说，“谢谢”，面部微微有些抽动

愴懷曷極
希公千古
風範永欽

往昔已在你记忆的盐酸中销蚀，除了明天，你没有时间抱怨昨天
在那无止息的、嘶吼的，在山间走街串巷饶舌的风中，你会很惆怅么
细雨绵绵，虫鸣、鸦鸣、蛙鸣的夜晚，你会很孤苦伶仃么
你的心灵早已结痂，为你抵御车声、马声、枪声、炮声，大都市的喧嚣声
有时你会指指山下，说，那是当年的指挥部。全无表情
你在食堂吃饭，还是有人送，饭好么，你住在哪儿，楼房，平房，还是茅棚
你识字吗，你读报吗，你有杂志看吗，有人告诉你祖国和世界的大事吗
你家里还有人么，你们通过信吗，电报、座机、手机，还是
忘了问你，你是重庆的，四川的，云南的，还是广西的呢
守着这个墓，守着老师长的墓，你只是在守着一分义气，还是执行一道命令
知道你想过回家，可你想象过家乡的样子么
那么多祖国的来人，他们没有告诉你邓小平吗？你当然知道毛泽东
好像到了这步田地，你已不再想那一环套一环的原由了
50年了，你没问一个为什么
生存对于你就是这个墓，可你百年之后，墓边还有人这样站立吗
你言语不多，木讷沉缓，眼神像雨后的溪水，有些彷徨，有些浑浊
你一定在说什么，50年的作为，一日复一日，该有多么沉重
然而，对于5000年，那些浩浩汤汤，沉沉浮浮，曲曲弯弯，颠颠簸簸
祖国，除了爱她，敬她，保护她，赞美她，享受她给我们的拥抱和爱
没有任何事物，比这更加神圣
你想问，想说，最叫人敬佩的是——你做到了

（2001-7-30——2015-11-22）

注：黄家福，国民党老兵，段希文将军的警卫员。
将军逝世后，主动在美斯乐为将军守墓。

致谢老

谢老：

九一年赴港工作，其间在鹏城与君一晤，旋接七律两首，拟步原韵和诗，然才疏学浅，几试不果，草稿弃置有年，去岁得君一信，遂捡旧稿删削，得七古一首，今寄请斧正，见笑方家。

刘杰

1997-3-11

风发意气忆橙黄
鹏城倾盖语笑狂
庄稼院里一杯酒
几盏猪肉粉条香
我逢君寿君逢我
频思故旧问短长
忆昔洞庭荡舟日
高楼系马气轩昂
自信人生二百年
水击三千又何妨
得天未尝独我厚
斯人孰归思岳阳
十年交游如水淡
棠棣零落世苍桑
终不负人人负我
喜有真金百炼钢

知君有姓如谢好
千古公卿美名扬
谈笑樯橹灰飞灭
未罢手谈决雌黄
奇刻一刃无西冷
翰墨千卷羞二王
公孙大娘一睹后
君不第一谁敢当
我今商场亦沙场
盈亏之路何茫茫
搏命如搏弱与病
幸福首选是健康
典藉百部犹待我
青灯红烛伴萤光
高山流水天之籁
扁舟一叶逐太阳

周庄杂咏

日前，得闲到江苏九百岁的水镇周庄一游，所闻所见，颇多感触，聊凑数绝，以记其事。

一

青瓦乌檐隐翠苍

西施浴雨淡着妆

满街流伞随流水

软语嘤嘤梦倚窗

二

渔歌晓唱韵悠悠

操橹船娘胜莫愁

争奏满船竹乐响

随风语笑满溪流

三[①]

一画双桥宝奁开

伟人再赠扫尘埃

水乡但记无俦影

彩笔如神浣旧苔

① 1984年，上海旅美画家陈逸飞先生将周庄双桥绘成油画《故乡的回忆》，在美展出成功。同年11月，美国石油富商阿曼德·哈默将此画购下，赠予邓小平同声。从此，周庄双桥名扬中外。

四[1]

中船前轿有张厅
无奈此庄以周名
善举千秋百代颂
云中海内雁留声

五[2]

刘公岛又刘公祠
谁系刘公我自知
祠以庵存求永世
我佛佛我悟禅时

六[3]

但信世人水作财
万三财富水载来
舍南舍北阳间事
更放轻舟赴泉台

七[4]

似闻南社朗吟声
忽道诗情碧落生
大吕黄钟歌有日
一发千里快哉风

八[5]

慈颜老妪目微开
隔座惊呼你又来
半百影屏寻不见
料应大作转时拍

① 北宋人周迪功郎信奉佛教，公元1086年，适逢粮荒，周与其妻章氏舍宅建全福寺，并将庄田200亩捐作庙产，百姓感其恩德，改贞丰里为周庄，此后该地屡有大户居住，周庄未改其名。世人以“轿从前门进，船自家中过”形容周庄大户的水乡建筑风格。

② 刘公祠系为纪念唐代著名诗人、政治家刘禹锡所建，刘任苏州刺史时赈灾免税，深得万民拥戴。不久，刘遭贬谪，按当地风俗纪念刘本该建祠堂，但须朝廷批准，因为刘刚得罪朝廷，料难获准，故在刘离去后，百姓把他的寓所改建为佛堂——清远庵。时移事易，旧规尽废，故在清远庵内又修了一室，作为刘公祠。如今，在南湖园内建刘宾客舍和梦得榭代之。

③ 沈万三为明初江南巨富，因经商逐步发迹，亦使周庄走向繁荣。沈发迹有种种原因，但利用周庄镇北白蚬江水运之便，西接京杭大运河，东走济河出海通番贸易，是重要原因。沈去世后葬于周庄银子浜底，世人名为沈万三水冢。

④ 周庄贞丰桥畔有迷楼，原名德记酒店。1920年，柳亚子先生在此邀周庄南社社友陈去病等人聚集迷楼，吟诗诵词，抨击时弊，鼓吹革命，后有《迷楼集》。

⑤ 周庄钟灵毓秀，水色天光，至今已有近半百影视作品在此拍摄。

注：此诗2000年2月登载于《随园》2000年第一期。

大自在

厉复友先生以诗会友。《峨眉山游记》诗曰："西去秀甲峨眉中，但闻古刹传钟声；景美意幽神仙境，归来亦向大光明。"喜诗，然荒疏日久。聊诌数语，以作桃李之报。

一偈西来峨眉巅，
神思豁然信可观。
得大自在全自在，
不论一山又一山。

（2006-3-31）

和厉董《山水居给陈小丹》

中国海外集团有限公司香港员工陈小丹索诗厉复有先生。诗曰：“室陈心世界，院小知春秋；山丹映叠翠，水静月中流。”余曾任职中海集团，遥思往事，颇多感慨。

身处繁华地，
心在清凉中。
信手拈来句，
当作李杜听。

（2006-5-23）

赋诗赠厉董

2006年，厉董赴京，以字见赠。余赋诗一首，期于大成。

君有所得意兴狂，
敢谓草圣遇大娘？
落笔云烟豪气在，
贮纸聊待贵洛阳。

（2006-6-5）

巴黎浪漫乎

振海兄：

得与同游欧洲，幸甚。兄每有佳作至，读毕皆为所动。今聊诌数首，取笑方家。董仲舒言，诗无达诂。背景含糊处，略加蛇足，非诗人所为。

刘　杰

2010-7-9

注：振海兄王振海，时任中国建筑西北设计院党委书记。

巴黎吟

巴黎浪漫乎，诸君言有故。
所论非男女，于我另有悟。
浪漫唯天性，万事不束缚。
好坏非顺我，凡俗亦可呼。
灵感花耀眼，创意泉喷珠。
领异复标新，登高唯此路。
铁塔人惊怪，艺术蓬皮杜。
金字玻璃塔，一朝到卢浮。
说三又道四，浪淘地标出。
万头攒动日，无人思当初。
浪漫终非易，宽容伟矣夫。

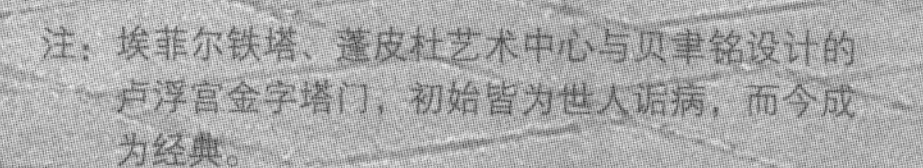

注：埃菲尔铁塔、蓬皮杜艺术中心与贝聿铭设计的卢浮宫金字塔门，初始皆为世人诟病，而今成为经典。

左岸饮咖啡

又临塞纳河，方知左岸情。

小憩双木偶，似闻数金钟。

因路叹史重，循人感命轻。

再来一杯否，日暖水无声。

注：1. 巴黎塞纳河左岸，人谓文化气息及历史典故充斥。
2. 金钟，寓意海明威作品《丧钟为谁而鸣》。
3. 路，指双木偶咖啡馆所在大街，导游曰此路充满故事。
4. 人，指海明威。命轻意其自杀。

夜游塞纳河

曾为美景觅五更，一绕塞纳日方升。
遍踏左岸拾倩影，频临西提听古钟。
而今我来添白发，同游已非旧时朋。
夕照浮金船戏水，初灯泛银鸟飙声。
憩岸情侣笑相向，伫船驴友语难同。
红酒溅衣欢声作，白光照几耀眼明。
婆娑身影知三步，婉转乐音奏数通。
忽念家乡端午好，洒酒汨罗听楚风。

注：1. 巴黎为再来，曾凌晨步行塞纳河两岸。
2. 西提，巴黎圣母院所在岛屿。

荣军院遥祭拿破仑将军墓

曾经滑铁卢，身历古战场。
雄狮吼巨塔，骐骥抖长缰。
天下无真义，胜利当为强。
可叹威灵顿，数代音渺茫。
而今荣军院，腾腾闪金光。
我知墓中人，未捷身先亡。
理当长叹息，命蹇天不帮。
何为瞑此目？声名响当当！

注：1. 曾瞻仰比利时滑铁卢古战场，纪念馆边有金字塔状纪念建筑，上有雄狮。馆内有拿破仑骑战马油画。
2. 威灵顿，英国将领，在滑铁卢战役中击败拿破仑。

香榭丽舍大街散步

一入巴黎自此始，芳衣鬟影逢旧媛。
狂购路易惊佛爷，信步香榭壮凯旋。
协和坦荡胸天海，尖碑挺拔人猴猿。
来此氤氲先贤气，不取真经人不还。

注：1. 路易，路易·威登，品牌。
2. 老佛爷，商店。
3. 香榭，著名的香榭丽舍大街。
4. 凯旋，凯旋门。
5. 协和，协和广场。
6. 胸天海，法国著名作家雨果名言，“世界上最大的是海洋，比海洋更大的是天空，比天空更广阔的是人的胸怀”。
7. 尖碑，埃及方尖碑。
8. 人猴猿，尖碑历史悠久，联想人类的发展。

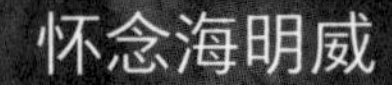

怀念海明威

——读巴黎双木偶咖啡馆铭牌有感

其人吾最爱，彪悍如雄狮。

大作惊天下，言简意过诗。

致谢双木偶，我来应未迟。

未知何咖啡，未知何妙思。

未知情义苦，人生欲何之？

我今尚能饭，人老海未知。

他日定来悟，座后铭有时。

注：1. 彪悍，海明威貌极其男性化。

2. 言简，海明威小说语言极其精炼。

3. 饭，廉颇老矣，尚能饭否。

4. 海，海明威小说《老人与海》。

HB啤酒屋

皇家饮酒无？皇家啤酒屋！

人头如蚁攒，喧呼似动粗。

侍男低声劝，高雅知礼数。

侍女壮过山，持酒我不如。

万国同一语，万相同一族。

洒笑无男女，合影记景殊。

偶有猛士立，豪饮胆气足。

全场欢声动，敢有应者乎！

人生不饮酒，如何对江湖？

注：HB啤酒屋位于德国慕尼黑，似已成旅游景点。

维也纳

金色大厅耀眼明，

中国歌手钟此行。

我来亦许恢宏愿，

暂不登台学五声。

月亮湖

一

半饮湖光半饮风，
半在江湖半朦胧。
半月真是恰好处。
退亦可守进可攻。

二

未奢悠然在此程，
晓念夜思午难停。
忽啖一杯咖啡好，
仙乐悠然品半生。

三

旧岁只知桃源好，
红屋绿野水碧澄。
惭愧偷闲将半日，
我打秋风谢周公。

四

此王公非彼王公，
彼王公在童话中。
此公伴我湖畔坐，
妙语一句六月风。

注：1. 半饮湖光半饮风，兄之妙句。
2. 打秋风，仅取蹭饭意。
3. 周公，周勇，时任中国建筑第五工程局党委书记。
4. 王公，兄也。

斯德哥尔摩住地

出游何处住，有人说市中。
出门狂购物，开窗娱视听。
落地登巴士，言说穿市行。
沿途车稀少，天黑影蒙蒙。
未到呼上当，及至皆噤声。
柳暗花明处，悄然遇白宫。
电梯真古董，女王或经停。
及至会客间，晃似古堡行。
窗外月弦半，星明天朗清。
湖碧连天外，树静不摇风。
游艇白如银，桅挺刺苍穹。
野禽闲戏水，惊鸥寻偶鸣。
有岛百余步，闲暇觅芳踪。
绿叶掩白墅，红花绕紫藤。
有客悄然至，天鹅习不惊。
如入桃花源，如见五柳生。
敢问先辈好，别来尚采风？
蹒跚近花甲，何尝期诗名！

读崔主席《五叶集》

亿倾良田碧连天，

巧手只撷五叶看。

粮果蔬花监事懂，

营销管控主席严。

纠偏何必怒相向，

指正方是善为先。

平生事业当诗赋，

如今信笔又经年。

（2014-4-26）

注：崔主席，系崔世安，时任国务院国企监事会主席，曾任农业部党组成员、种植业管理司司长。

厉董《踏歌行》感怀

不弃五更鼓，
终得日正圆。
字狂戏惊风，
诗静缓千泉。
铁磁山林遍，
丝粉闹市间。
如今我一日，
过往几许年？

（2014-4-26）

注：厉复友先生喜书法、诗歌，退休后勤于创作，质量数量俱佳，著有《自以为诗》、《如梦令》、《踏歌行》三部诗集。

刘江波《信仰的追问》有感

大道之行上青天，
四海今遍南湖船。
红岩滴血泽后辈，
青史吟歌仰先贤。
万方欣喜中国梦，
百姓乐欢诺亚船。
改革创新人民愿，
红旗又乱不周山。

（2014-5-1）

注：1. 刘江波，曾任东方航空集团公司党组成员、纪检组长、副总经理、老红军后代。
2. 红旗又乱不周山。毛主席《渔家傲·反第一次大“围剿”》：“唤起工农千百万，同心干，不周山下红旗乱。”

沈东进赠书抒怀

你我皆老矣，
不然忆从何？
卅年持低调，
一卷示高格。
肝胆企国盛，
肺心眷属和。
回眸东风暖，
来日尚有歌。

（2014-6-26）

注：沈东进，时任中国房地产开发集团董事长兼总经理、中房地产股份有限公司董事长，兼任全国工商联房地产商会副会长、中国建设文化艺术协会副主席。著有《滴水成溪》一书。

詹福瑞《岁月深处》有感

亦师亦友亦学同，亦有旧屋在冀东。

亦均看破人间世，恬淡安然竟不争。

雕龙谪仙洞千古，绝技犹胜李广弓。

七贤何曾紫竹畔，天降大任继愈翁。

桃李盈阶海内外，万卷家国一书童。

山巅复诵儿时梦，月下徐吟慈母容。

今得宽余追屈子，经纶满箧亦功成。

（2015-2-28）

注：詹福瑞，河北秦皇岛人，曾任河北大学党委书记、国家图书馆馆长，在中古文学理论及屈原、李白以及魏晋文学研究方面多有建树。

读王瑶、猫猫《俄罗斯速写》

大师有书赠，其意不待言。
菩提三敲意，悟空自悟禅。
无暇何妨挤，有志不惧玩。
光圈聚人事，镜头述史迁。
构图觅新异，色彩岂慕妍。
偶有闲暇意，履痕遍山川。
鱼虫鸟花兽，风雪霞雾潭。
高者有专攻，初学万物全。
昔羡糖水腻，今知入门难。
彷徨蹑蹊径，闪闪耀标杆。
巨匠高远境，猫猫亦得传。
只取一瓢饮，砣砣自寻欢。

（2015-11-16）

注：1. 王瑶，时任中国摄影家协会主席、党组书记。
2. 猫猫，王瑶女儿。
3.《俄罗斯速写》为王瑶与猫猫作品合集。

谢老赠书法

谢老真朋友，

不得老谢您。

谢多情谊远，

不谢意何陈？

承恩自当谢，

万事一谢深！

同谢苍天恤，

姹紫谢阳春。

（2016-12-31）

耳顺自况

举彼桃浆若许年，
无疆之盼实戏言。
柳老有棉愧乔木，
花发无蕊羡牡丹。
曾觊还乡游诸岛，
未敢出海借无船。
尚有三五兄弟在，
酒诗影球笑余年。

（2016-12-31）

后记

退休这两年，家里外头事情不少，一直没有沉下心来。按理说，答应很多朋友同事出本书的想法，也该兑现了。不过，我总觉得应该将十几二十年来有些开了头没写完的文字再修改补充一下，算是阶段性的总结。

我学的汉语言文学，误打误撞到了建筑行业，虽然安心地工作将近34年，还是有写点儿东西的愿望。每当有的同事对我说，你还能写点东西，抽时间写点儿吧。我总是回答说等我退休吧。如今退休了，忽然间什么都写不出来了，花了很大力气撰写和改定了几篇文章，终于放弃了阶段性总结的念头，就此打住吧。

毕业后30多年没有好好读书，也没有将公文之外的写作当做一桩爱好，大部分文章都是应邀和应景之作。每次应付索稿，偶有所得，同事们多有赞赏，但我自知文字的枯燥和艰涩，那是人家的鼓励，那是在一个非文化专业的圈子里。如果从井底爬上来，才知道世界之大，山高水长。

1986年，写了第一篇《我们的书画家、篆刻家》，文字佶屈聱牙，斧凿之痕甚重，有些不好意思。1991年到1995年我在香港工作，偶有所为，或可不计。前后十几年间，除了公文，很少涉足其他题材和体裁的文章。对于这份“放得下”，我自己都觉得怪怪的，无从解答。都说香港是文化“沙漠”，其实钱穆和金庸以及众多文化人，都站在中国文化的峰顶，只不过我自己沙漠化了。

1997年，是我写作生涯重要的一年。我1995年由香港中国海外集团回到北京总公司办公厅工作，一年多以后，为了增进凝聚力，调整组织文化，要求办公厅同事办了一本名叫《随园》的内部杂志。编辑们要求我一定写一篇创刊词。考虑良久，无从落笔。记得总公司在山东召开保密会议，忽来灵感，记在了一张废纸上，300多个字，同事们都很喜欢。创刊号印出后，一位同事对我说，她的孩子最喜欢的就是序言。还是1997年，我在香港中国海外集团时创办的公司刊物《中国海外》约稿，费了很大力气写了《最舍不得你们的人——是我》。稿子刊发后，《中国建筑报》做了转载。文字虽然一般，但它在总公司还有些影响力，至今很多老人儿见面还提到那篇文章。说起来，这两篇小文对我的意义在于，斗胆写了，写出来了，遭到了鼓励，于是有了些信心。

其后沉寂几年，每每内心躁动，却难以克服词不达意的焦灼。2000年，我兼任社长的《中华建筑报》约稿。脸红心跳地写了一篇流水账似的散文，《珠峰往来杂记》。虽然见笑于方家，但对于提振信心，巩固兴趣，砥砺技艺，起到了台阶的作用。也是那一年，开始用电脑写文章。可能由于对电脑的兴趣，2001年的一段时间里，记下了很多希望成文的文章题目，有的开了个头儿，有的写了三五段，有的就是三两个词汇提醒相关的事实和观点，也有一些急就章。其后数年，由于总公司的报纸和杂志索稿，写了几篇文字。2004年，我兼任中国建筑发展有限公司党委书记、董事长，为了支持工作，为公司内部刊物《发展》写了几篇文章。期间，有些总公司内外庆典、仪式和活动索要的文字，有些同事出版管理、党建、文化和摄影方面的书籍嘱我作序，有那么几篇。记得总公司25周年纪念特刊，要求每位领导写500字的感言，我写了《文章是这样写成的》，又受到了很多同事的关注，询问和感慨很多事情。这也是我急着赶着写完《玉奎儿》将文章放在书中的原因之一。

我的文章历程，就是如此简单。千挑万选的觉得值得看的文字，原来就这么一丁点儿。

成长于“文革”期间，缺乏良好的幼学功底，所作形式上的旧体诗，部分系酬唱之作，部分有感而发，照猫画虎，随心所欲。近体诗没有按照格律，既懒惰，又缺乏基本功训练，偶尔想想“一三五不论，二四六分明”和粘对规则，就算对自己的安慰了。韵脚是绝对按照现代语音系统的，实在有些不好意思。

如今想起来，确实感到很遗憾。如鲁迅所说，时间就像海绵里的水，只要你愿意挤，总还是有的。我当时陷入了两个误区，一个是当下努力工作，把写作留在以后；再一个就是能力不行，进步了再写，结果就拖延下来。其实，看看我的文章经历，感觉是越忙的时间段越出东西。闲散下来，没有动力，没有灵感，没有见解，即使有想法，也没有金刚钻去揽那些瓷器活儿。

感谢中国建筑工程总公司的历任领导，我在他们的领导下走过了大学毕业后的全部职业生涯。冯舜华、张恩树、马挺贵、张青林、孙文杰、郭涛、易军、官庆，还有我刚刚退休，担任监事会主席阶段的王祥明，总公司办公厅的刘玉奎和赵国栋，香港中国海外集团的李博文和厉复友。当然，还有很多在一个班子，分管过我和我分管过的同事。官庆党组书记、董事长百忙之中为本书作序，词真意切，深表谢忱。

感谢纪检监察局这个团队，当初与我共事的赵兵元、胡普生、张洪生和王萍同志等等。尤其是王萍同志，她利用个人的业余时间，在总公司的档案室、报纸、杂志、办公平台、文件和简报等等一切地方，将有关我的所有资料，包括讲话、报告、调研报告、经验介绍、会议发言和照片等等，都搜集出来。同时，还找到了我大部分的应约和应酬文字，以及未发表的文字。当时帮助她的，有刘洪喜、曹倩、陈莹、陈锐军、肖游和朔。她把那些文字分门别类，编辑成了《当历史来存》《当文化来读》等等书籍和视频，有一尺多厚。在此期间，她又拉着石月将略有文学性的文字单独整理出来，集印成册，起名《笑声朗朗》。在我退休的时候，她代表纪检监察局将全部书籍和视频以及《笑声朗朗》作为礼物送给了我。

退休后，我又找到几篇散落的文章和诗歌，改定和撰写了几篇文章，做了适当的增补。在原《笑声朗朗》的基础上，形成目前的书稿。原本只想出本文字书，由于《最舍不得你们的人——是我》和《英灵永在》两篇文章是按照图片叙述的，不附上图片会对文章的理解产生困难，纠结再三，配上了图片。其后，考虑设计风格的统一，陆续增加了一些图片，结果一发不可收拾，图片占到了一半的篇幅。对于这种结果，我是满意的，如同把文字书和摄影集合并起来，一举两得。至于书名，考虑了很久，想文艺些，想时尚些，想另类些，最后还是回归到《笑声朗朗》，或许更朴实，也更切合实际。

在成书过程中，感谢中国建筑工业出版社社长沈元勤、主任李明、编辑李杰和设计师张悟静，他们提出了很多很好的意见和建议。中国建筑股份有限公司助理总经理张翌、办公厅副主任胡勤、中建大成建筑有限公司董事长王永建提供的资料和意见建议，使本书增加了色彩、减少了硬伤。本书中使用的照片，均为我个人拍摄。马日杰除了大部分照片的后期制作，对书籍的装帧设计也参与了意见。段伊文和何斌对部分照片做了后期处理。《最舍不得你们的人——是我》所配照片，作者已经无从查考了。梅琳和张文龙在成书过程中做了大量工作。在此一并致谢。

那么，时间就在这个节点上，不再往后延续了。做了小结，也就是做了战役之间的休整。往后的日子，放飞灵魂，放松脚步，走走看看，远近咸宜。

当然，朗朗的笑声，是永远的陪伴。

（2017-9-13——2018-3-13）

图书在版编目（CIP）数据

笑声朗朗／刘杰著．—北京：中国建筑工业出版社，2018.7
ISBN 978-7-112-22251-3

Ⅰ．①笑… Ⅱ．①刘… Ⅲ．①建筑科学－文集 Ⅳ．①TU-53

中国版本图书馆CIP数据核字（2018）第106487号

责任编辑：李　明　李　杰
书籍设计：张悟静
责任校对：王　瑞

笑声朗朗
刘　杰　著

*
中国建筑工业出版社出版、发行（北京海淀三里河路9号）
各地新华书店、建筑书店经销
北京锋尚制版有限公司制版
北京富诚彩色印刷有限公司印刷
*
开本：787×1092毫米　1/16　印张：23½　字数：347千字
2019年5月第一版　2020年6月第二次印刷
定价：198.00元
ISBN 978－7－112－22251－3
（31953）